复杂微结构液冷强化换热技术及应用

Heat Transfer Enhancement Technology and Application of Liquid Cooling with Complex Microstructure

夏国栋 马丹丹 著

科学出版社

北京

内 容 简 介

微尺度液冷强化传热技术的发展源于解决高热流密度微电子器件的散热问题，目前已向各种有重量限制与体积限制的高热流密度领域拓展，如能源动力、航空航天、信息通信、人工智能、微电子技术等领域。其主要目的是降低电子设备因过热而发生故障或损坏的概率，同时提高电子设备的性能及可靠性。本书系统阐述了复杂微结构液冷强化换热技术及其应用，包括微结构对流动换热性能影响的研究方法、微结构对流动特性的影响、微结构对换热性能的影响、微通道热沉结构设计、歧管式微通道热沉结构设计、微通道热沉的系统集成及纳米流体的制备及强化传热性能研究等。

本书可供高等学校相关专业师生、工程技术人员和研究人员参考。

图书在版编目(CIP)数据

复杂微结构液冷强化换热技术及应用=Heat Transfer Enhancement Technology and Application of Liquid Cooling with Complex Microstructure / 夏国栋，马丹丹著. —北京：科学出版社，2022.3

ISBN 978-7-03-071897-6

Ⅰ. ①复… Ⅱ. ①夏… ②马… Ⅲ. ①强化传热-研究 Ⅳ. ①TK124

中国版本图书馆CIP数据核字(2022)第043859号

责任编辑：范运年 / 责任校对：王萌萌
责任印制：赵 博 / 封面设计：无极书装

科 学 出 版 社 出版
北京东黄城根北街 16 号
邮政编码：100717
http://www.sciencep.com
北京中石油彩色印刷有限责任公司印刷
科学出版社发行 各地新华书店经销
*
2022 年 3 月第 一 版 开本：720 × 1000 1/16
2025 年 2 月第四次印刷 印张：15 1/2
字数：309 000
定价：138.00 元

(如有印装质量问题，我社负责调换)

前　言

随着工业技术的飞速发展，在能源动力、航空航天、信息通信、人工智能、微电子技术等领域，先进设备与器件的热负荷正在不断提高，传统冷却器的设计与制作已经无法满足现代工业飞速发展的要求。寻求高效可靠的冷却手段来应对有重量限制与体积限制的极高热负荷的挑战，是国际学术界和工程技术领域面临的重大课题。

迄今为止，国内外针对高热流密度微电子器件散热的问题已经开展了系统和深入的研究，内容涵盖如下两个热点方向：一是基于强化换热原理，设计结构新颖、性能优越的微型散热器；二是从改善流体热物性的角度，开发传热性能优异的新型工质。

在微型散热器研发方面，国内外正在积极着手研究的微型散热器包括微通道热沉、微射流阵列热沉、微热管均热片、微冷冻机及整合式微冷却器等。随着微加工技术的日臻完善，一些基于不同传热机理、设计新颖、性能优越的微型散热器不断涌现，复杂结构微通道热沉便是其中的一种。与传统微通道热沉相比，它不仅可以提高单位表面积的散热能力，同时能在一定程度上改善散热表面温度分布的均匀性。

在新型工质研发方面，纳米流体是纳米技术应用于强化传热领域的创新性研究。纳米流体的概念一经提出，立刻引起了国际学术界的广泛关注，国内外学者对此开展了大量的研究工作。研究表明在液体中添加纳米粒子，可以显著提高液体的热导率，强化液体的传热性能。然而，如何使纳米颗粒均匀、稳定地分散在液体介质中，形成分散性好、稳定性高、传热性能优异的纳米流体，是将纳米流体应用于工程传热领域必须要首先解决的问题。

近 20 年来，作者在微尺度流动与传热、微型散热器设计、纳米流体制备等领域开展了一些研究工作。本书主要论述了作者在复杂微结构液冷强化换热技术、微型散热器优化设计与系统集成、纳米流体制备及性能研究等方面所取得的研究成果，以及在相关科学实践和应用中积累的经验。作者将它们整理于此，愿与国内外同行及感兴趣的读者分享交流。

感谢过去 20 年中所指导过的博士、硕士研究生们，是他们在读期间的出色工作丰富了本书的内容。全书在成稿过程中虽数易其稿，多次修订，但限于经验和水平，难免会存在疏漏和不妥之处，敬请读者批评指正。

夏国栋

2021 年 9 月

目　录

第1章 绪 论

1.1 研究背景及意义

随着工业技术的飞速发展，高功率、高集成度及微型化已经成为电子器件的主要发展趋势之一。在能源动力、航空航天、信息通信、人工智能、微电子技术等高新技术领域，先进设备与器件的热负荷在不断提高，如一些高性能芯片的平均热流密度可达 $500W/cm^2$，局部热点的热流密度接近 $1000W/cm^{2[1]}$。若不能及时有效降低器件表面的温度，将会造成器件的工作性能下降、寿命降低，甚至烧毁。据统计，55%以上电子器件的失效是散热问题导致的[2]，且器件的工作环境温度在 $70\sim80℃$，每增加 $1℃$，可靠性下降 5%。因此，高热流密度微电子器件及设备的散热问题至关重要，备受国际学术界及相关工业领域的高度重视。由于其瞬态热流密度高、散热面积小，常规冷却技术已无法满足散热需求，所以开发体积小、重量轻、传热效率高、结构紧凑的微型冷却技术迫在眉睫。

微电子技术的迅猛发展的同时也推动了微尺度流动与传热领域的研究，空间微尺度和时间微尺度条件下的流动与传热问题已经引起传热学界众多研究人员的广泛关注。目前国内外学者正在积极着手研究的微型散热器包括微通道热沉、微射流阵列热沉、微热管均热片、微冷冻机及整合式微冷却器等。其中微通道热沉已经被证实是传热性能最佳且最具应用潜力的冷却方式之一。微通道热沉最早由 Tuckerman 等[3]在美国斯坦福大学提出，他所描述的冷却热沉的结构是：在集成电路的硅衬底背面用化学方法蚀刻若干矩形沟槽，并与盖板键合形成微通道热沉。器件产生的热量通过连结层传导到热沉，被微通道中流动的冷却液带走而达到对芯片散热的目的。他们设计的基本思想是：在恒定努塞特数(Na)下，传热系数与通道的当量直径成反比，他们关于充分发展层流的分析一直是后来大多数关于微通道热沉分析工作的起点。

进入 21 世纪以来，随着微加工技术的不断进步，国际学术界和工程技术领域开始着手研究结构更为复杂的微尺度传热技术。随即涌现出众多设计新颖、结构紧凑、具有强化传热微结构、换热能力优异的微型散热器，其中包括截面周期性变化微通道热沉、流线周期性变化微通道热沉、歧管式微通道热沉、微针肋阵列热沉、微射流阵列热沉等。这些微型散热器大多在侧壁面或底面设置微结构，在提高单位表面积散热能力的同时也极大地改善了散热表面温度分布的均匀性。这不仅可以有效地冷却发热器件，还可以降低器件所受的热应力，保证器件的安全性和可靠性。因此，研究微型散热器的强化换热机理，优化设计具有低热阻、结构紧凑、所需冷却液量小、沿流动方向温度分布均匀的微型散热器，对于优化微电子器件的热管理具有十分重要的意义。

1.2　微型散热器换热技术的发展

1.2.1　微通道定义

研究发现，当微通道尺寸减小到一定程度后，流体的某些流动和换热特性与常规尺寸的通道相比有较大变化，即出现了微尺度效应。在微通道内的充分发展段，摩擦系数与雷诺数的乘积不再是常数，努塞特数也不再是常数；层流向紊流过渡的雷诺数减小。因此，对通道尺寸的划分十分重要。一般采用当量直径来划分，比较公认的是由 Mehendal 等[4]和 Kandlikar[5]根据非圆形通道的当量直径 D_h 提出的微通道(microchannels)、小通道(minichannels)和常规通道(macrochannels)的尺寸界限，如表 1-1 所示。

表 1-1　微通道、小通道和常规通道的分类

分类	Mehendal 等[4]	Kandlikar[5]
微通道	$D_h < 100\mu m$	$D_h < 200\mu m$
小通道	$100\mu m < D_h < 6mm$	$200\mu m < D_h < 3mm$
常规通道	$D_h > 6mm$	$D_h > 3mm$

1.2.2　微结构

由于微通道的当量直径较小，流动阻力较大，应用中流动一般处于层流区域。为了进一步强化换热能力，通过对微通道结构进行优化设计，增大对流换热面积和增强流体扰动是一种非常有效的方法。早期由于加工技术的限制，微通道结构设计主要集中在传统等截面微通道方面，如图 1-1 所示，包括矩形截面微通道、三角形截面微通道、圆形截面微通道等[6]，其主要通过增大对流换热面积和减小当量直径实现强化换热。由于电子元器件的热流密度较高，微通道内流体沿流动方向的温度急剧升高，引起了通道尾部换热性能的恶化。学者们提出，在通道尾部进行加密[7-9]，减小尾部通道的当量直径、增大对流换热面积，从而增强通道尾部的换热效果。研究发现[10]多级分支型微通道的分级数越大，换热性能越好，强化换热因子最高可达到 1.78，但压降却增大了 10 倍；相同泵功下，一级分支型的热阻最小。

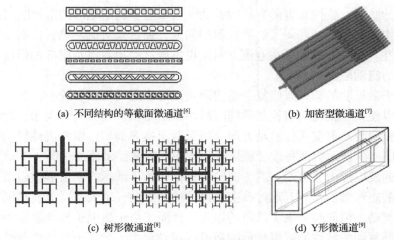

(a) 不同结构的等截面微通道[6]　　　　　(b) 加密型微通道[7]

(c) 树形微通道[8]　　　　　　　(d) Y形微通道[9]

图 1-1　不同形状的等截面微通道

随着微电子技术和微加工技术的发展,复杂结构微通道的精密加工得以实现。基于增强微通道内流体的扰动、中断和再发展边界层、增强流体混合强化对流换热等机理,研究者提出了一系列的复杂微结构,其中包括各种形状的微针肋和壁面复杂的微通道结构。对于微针肋结构,流体沿垂直于微针肋轴线的方向横向掠过微针肋,产生绕流、回流、旋涡和涡束,进而影响换热效果。在低雷诺数下,微针肋尾部易形成回流或滞止区,这会恶化对流换热。为了强化微针肋尾部的对流换热,研究人员对微针肋结构及布局进行了优化,如图 1-2 所示为圆形微针肋[11]、

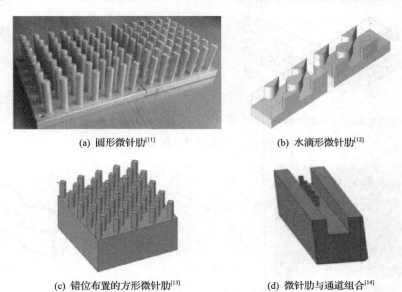

(a) 圆形微针肋[11]　　　　　　　(b) 水滴形微针肋[12]

(c) 错位布置的方形微针肋[13]　　　　　(d) 微针肋与通道组合[14]

图 1-2　不同形状及布局微针肋结构

水滴形微针肋[12]、错位布置的方形微针肋[13]、布置于通道尾部的微针肋[14]。通过微针肋结构的优化设计削弱了针肋尾部的回流，促进其对流换热，提高了温度分布的均匀性。但是，微针肋在迎流方向上再发展流动边界层及尾部的回流，仍会带来较大的流动阻力。

相对于微针肋结构，有些复杂结构微通道的流阻增幅相对较小，甚至通过合理设计可以使其在强化对流换热的同时减小流阻增幅。近年来，关于复杂结构微通道的研究主要从改变流体流动方向、增大对流换热面积、增强流体扰动等方面开展。如图 1-3 所示为两种改变流体流动方向的等截面微通道，图 1-3(a) 为横截面为矩形的波纹形微通道[15]，图 1-3(b) 为横截面为半圆形的锯齿形微通道[16]。相对于传统的矩形微通道，其通过改变流体的流动方向，增大了对流换热面积，增强了流体扰动，但同时带来了流阻的增大。然而，由于微电子器件通常为规则结构，因此等截面的波纹形或锯齿形微通道区域必须大于微电子器件的散热面积，这样才能保证其整体有效的散热，这无形中又增加了散热器的尺寸。在传统矩形微通道结构上进行改进的复杂结构微通道可以避免这一问题，如采用如图 1-4 所示的扩缩微通道[17]、周期性变截面微通道[18-24]等。作者所在课题组对周期性变截面微通道进行了系统和深入的研究，通过在通道侧壁设置微结构，设计出了一系列周期性变截面微通道，包括扇形凹穴形[20]、三角凹穴形[21]、凹穴针肋组合型[22]、锯齿形[23]及横断扰流型[24]等。其强化换热机理主要归因于周期性变截面微通道可以周期性地中断和再发展边界层，从而增强流体扰动，促进通道内流体的混合，同时也增大了对流换热面积。

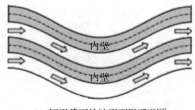
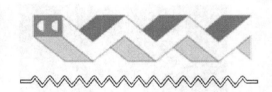

(a) 矩形截面的波形型微通道[15]　　　　　　(b) 半圆形截面的锯齿形微通道[16]

图 1-3　等截面复杂微通道

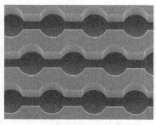
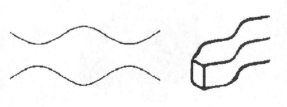

(a) 周期性扩缩微通道[19]　　　　　　(b) 周期性变截面微通道[20]

图 1-4　变横截面复杂微通道

相对于单层通道结构，增加通道层数可进一步增强换热效果，研究发现双层微通道热阻减小得最明显；随着散热器层数的进一步增加，换热能力有所增强，但增幅逐渐减小，同时还会带来较大的流阻。文献[25]~[27]分别对双层矩形微通道结构的参数进行了优化。目前对复杂结构双层微通道的研究还比较少，如流体逆流的双层梯形微通道[28]、流体顺流的锯齿形微通道[29]，其换热特性均得到了提升。

1.2.3　微型散热器结构的优化设计

在给定热源及冷却工质的条件下，强化换热手段除前面提到的微结构形式和尺寸优化外，微型散热器内的流体分配也是一个非常重要的影响因素。流体分配的均匀性直接影响着被冷却器件表面的温度分布。若流体分配不均匀则极容易导致局部过热，这将会影响被冷却器件的可靠性及寿命，甚至导致器件失效。同时，在微电子集成系统散热的背景下，热源一般由多发热模块组成。因此，研究微型散热器内的流体分配和热源布局对整体散热性能的影响至关重要。

1. 流体分配

微型散热器内流体分配的均匀性主要受散热器的进出口布局、进出口槽道形状及尺寸等因素的影响。Chein 等[30]发现在给定压降、通道布局及矩形入口槽道时，相对于工质水平进出方式的 N 形、S 形和 D 形，以垂直进出方式的 U 形和 V 形进出口布局方式的流体分配比较均匀，整体换热性能较好(图 1-5)。Jones 等[31]对进出口设在两侧中间位置、流体垂直进出的并联微通道的进出口槽道进行了尺寸优化，并采用粒子图像测速仪(PIV)对流场进行可视化测试，发现矩形进出口槽道的流体分配均匀性更好。Kumaran 等[32,33]研究了进出口方式和槽道的共同影响，发现采用垂直同侧的 C 形进出方式、三角形入口槽道、梯形出口槽道、较小的槽道宽度和适中的槽道深度可获得更加均匀的流体分配，且认为分配的不均匀性主要归因于流体的分流和回流。Cho 等[34]研究了进出口槽道与通道结构对流体分配的影响，如图 1-6 所示，研究发现梯形槽道与楔形微通道组合的流体分配更为均匀，压降和最高温度均有所降低。Liu 等[35]在通道入口处加不同大小的肋来平衡各通道间的流量分配，发现中间区域通道布置较大的肋结构可提高流体和温度分布的均匀性，但会带来一定的压力损失，且随流量的增大，流体分配的不均匀性增加。Eun 等[36]针对非均匀热源，通过改变微通道热沉的结构来调整流体分配，进而优化整体的散热性能。Vinodhan 等[37]提出将微通道热沉分成几个独立的区域以提高流体分配的均匀性，结果表明将微通道热沉分成 4 个独立的区域，其热阻减小了 50%，温度梯度降低了 30%。多入口槽道的微通道热沉，传热系数可提高 28%[38]。Mu 等[39]发现采用圆形树枝形流体进出口方式，流体分配的均匀性更好，且温度的不均匀性随微通道高宽比的增加而减小。作者所在课题组[40]对复杂结构微型散热器流体进出口方式和进出口槽道的形状尺寸进行了研究，发现将进出口设在散热器两侧中间位置、流体垂直进出口最为理想；相比于三角形和梯形槽道，采用矩形进出口槽道可以获得较好的流体分配均匀性。

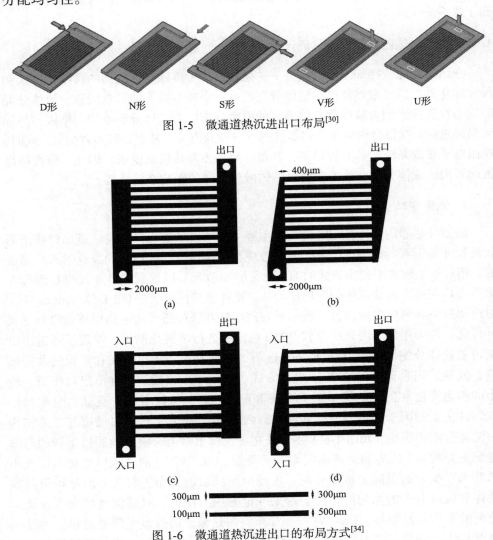

图 1-5　微通道热沉进出口布局[30]

图 1-6　微通道热沉进出口的布局方式[34]

2. 热源布局

在进行电子芯片的设计时，也应平衡各模块间的功耗密度，尽量避免局部热点的产生，如美国加州大学 Cong 等[41-43]、台湾清华大学 Tsai 等[44]、Yan 等[45]和 Luo 等[46]进行了大量的研究，他们的研究主要集中在电路模型的建立和电路的有效布局方面。但是由于各模块功能的差异，仍然存在热流不均匀的问题；同时，对于一个微电子器件而言，它包括了多个集成芯片，也存在热流不均的问题。因此，根据芯片的热源布局情况，研究微型散热器的布局也是十分重要的。Liu 等[47]研究了非均匀热源布局对微通道热沉性能的影响，发现将热源布置在微通道热沉的下游，整体的最高温度较小。相比于随机分布和仿生优化的方法，采用模拟退火方法对热源布局进行优化的效果更好[48]。Yoon 等[49]研究了非均匀热源条件下微型散热器内流体分配的均匀性和沸腾换热特性，发现在低流量下的相分布比较均匀；矩形微针肋间的气泡可以在二维平面任意膨胀，减小了干度，降低了壁面温度。Kharangate 等[50]分别针对顶部加热、底部加热和双面加热三种加热方式，研究了流体过冷度对微型散热器沸腾传热系数和临界热流密度的影响，他们发现临界热流密度随过冷度的增加而增加；重力对流动与换热性能的影响较大，底部加热方式的微通道热沉换的热性能最好，顶部加热方式的换热效果最差，双面加热方式的换热性能主要受惯性力的影响。

综上所述，流量分配和热源布局对微型散热系统的换热性能影响较大。在进行微型散热器的整体设计时，既要依据散热需求合理设计微通道结构的形式和尺寸，同时也要从流量分配和热源布局等方面，优化散热器进出口布局、进出口槽道形状及尺寸等参数。这些参数不仅要与有效散热区域微通道结构形式相关联，而且还要充分考虑实际应用中可能涉及的多个微型散热器的整体集成。因此，在微型散热器整体优化设计时需综合考虑多方面因素，以满足高热流密度微电子器件的散热需求。

1.2.4 纳米流体

在微电子器件及设备的液体冷却系统中，常用的冷却工质有水、乙二醇及各种制冷剂等。为提高工质的传热性能，研究人员将纳米材料应用于强化换热，提出了一种新型的换热工质——纳米流体。1995 年，Choi 等[51]率先提出了在单一液体内加入一定比例的纳米级金属或金属氧化物颗粒，形成稳定、均匀的悬浮液体即纳米流体。研究发现由于金属或金属氧化物具有较好的导热性，从而提高了基液的导热性；颗粒物的布朗运动和热扩散使得流体内出现微对流，提高了冷热流体的混合强度；颗粒物与流道壁面发生碰撞，可增强流体扰动，从而增强对流换热[52-54]。而纳米流体沸腾换热的机理则不同，对于池沸腾，纳米颗粒沉积在换热表面形成的纳米多孔层是强化沸腾换热的主导因素[55,56]；对于流动沸腾换热，纳米颗粒的布朗运动、壁面碰撞、纳米颗粒沉积的共同作用促进了沸腾换热，且随着时间推移沸腾换热的性能也随之改变。

由于纳米颗粒的高表面能极易引发粒子间的团聚而失去纳米材料的优越性能，因此纳米流体的稳定性成为了研究的热点。纳米粒子的团聚分为两种：一种是由静电力和范德瓦耳斯力引起的粒子间的弱作用力，另一种则是由化学键作用形成的粒子间的强作用力。前者可以通过化学作用和施加机械能的方式消除，即利用超声波振荡和添加分散剂的方式提高纳米流体的稳定性。后者则需要采取特殊的方式对粒子进行控制[57]，如表面包覆改性法、表面接枝改性法，即通过改善和修饰粒子表面的润湿性及官能团来增加粒子间的排斥力，从而提高粒子在流体中的稳定性。Sakka 等[58]通过实验研究发现超声作用可以降低工质黏度，有效改善颗粒间的团聚情况，提高纳米流体内粒子的悬浮分散性。但 Li 等[59]发现超声波振荡并不能改善 Cu 纳米流体的稳定性，颗粒会在停止超声波振荡后迅速沉淀，造成这种现象的原因可能是超声波振荡时间选择不合适或颗粒粒径不同。Xie 等[60]通过添加表面活性剂制备了稳定性较好的纳米流体，实验结果显示表面活性剂可以显著降低粒子的表面张力，防止颗粒聚集，阻碍二次粒子的形成。莫松平等[61]对不同种类的表面活性剂进行了研究，发现表面活性剂浓度与纳米粒子浓度间存在一定的最佳比例关系。Duangthongsuk 等[62]为提高 TiO_2 纳米流体的稳定性，在基液中添加了浓度为 0.01%～0.02%的阳离子型表面活性剂十六烷基三甲基溴化铵，并辅助以超声波振荡。

同时，纳米粒子的材料属性、形状、大小、含量、温度、基液种类、添加剂种类和含量及制备方法等都会对纳米流体的热物性和稳定性产生较大影响。Lee 等[63]以去离子水和乙二醇为基液制备了 Al_2O_3 和 ZnO 纳米流体，并对其粒径和粒子浓度的变化趋势进行了测试，发现 ZnO 纳米流体迅速团聚，粒径几乎成倍数增加，而以乙二醇为基液的 Al_2O_3 纳米流体其体积浓度降低的趋势要明显大于以水为基液的纳米流体。Brolossy 等[64]采用光声技术分别对体积浓度为 0.1%～1.0%的 20nm TiO_2 纳米流体和 3～7nm Al_2O_3 纳米流体进行了热导率等物理参数的测量，发现两种悬浮液的热物性参数均随其粒子浓度的增加而增大；尽管 Al_2O_3 粒子本身的热导率大于 TiO_2 粒子，但其悬浮液的热导率却几乎全部小于 TiO_2 纳米流体，产生该种现象的原因有可能是颗粒粒径的不同。邵雪峰等[65]采用紫外吸光度法评价了 Al_2O_3-乙醇纳米流体在中低温环境下的稳定性，结果表明纳米流体的稳定性随温度的升高而有所降低，在中低温环境下粒子的沉降速率较低，悬浮液的粒子浓度较高。王补宣等[66]基于水、丙三醇、乙二醇三种基液制备了 SiO_2 纳米流体，结果表明以水为基液的纳米流体的稳定性最差，而以丙三醇为基液时的纳米流体的稳定性最佳；三种基液的密度和极性相差不大，但醇类基液的动力黏度相比水有较大提高，基液黏度的增加可明显改善纳米流体的悬浮稳定性。

综上所述，在液体中添加纳米粒子可以显著提高液体的热导率，强化液体的传热性能。然而，与传统的液固混合物相比，虽然纳米流体中的固体颗粒很小，由于颗粒的布朗运动等因素使粒子不易沉淀,但是颗粒表面的活性又会促使它们团聚,形成带有若干弱连接界面的较大团聚体。因此,如何使纳米颗粒均匀、稳定地分散在液体介质中,形成分散性好、稳定性高、传热性能优异的纳米流体,是将纳米流体应用于工程传热领域必须要首先解决的问题。

1.3 本书目的和内容

复杂微结构液冷强化换热技术在高热流密度微电子器件散热方面有着非常好的应用前景,得到了国内外研究人员的广泛关注,取得了很多可喜的研究成果。随着微电子技术、超级计算机、人工智能、5G 通信等高新技术领域的蓬勃兴起,高性能芯片的热流密度不断增加,对热管理也提出了更高的要求。发展高热流密度传热技术,对微纳尺度传热进行深入探索,许多经典的传热学理论和研究方法亟需从更高层次和深度来进行考虑。

本书主要论述了作者在复杂微结构液冷强化换热技术、微型散热器设计及系统集成、纳米流体制备及性能研究等方面所取得的研究成果,以及在相关科学实践和应用中积累的经验。全书共分为 8 章:第 1 章绪论;第 2 章介绍微结构对流动换热性能影响的研究方法,包括数值研究方法和实验研究方法等;第 3 章介绍微结构对流动特性的影响,包括在微型散热器底面设置不同形状微针肋对流体流动特性的影响,在微通道侧壁布置微结构对流场产生的影响等;第 4 章讨论微结构对换热性能的影响,包括凹穴形微通道、锯齿形微通道、凹穴与内肋组合微通道、凹穴与针肋组合结构、微针肋等对传热性能的影响;第 5 章介绍微通道热沉结构设计,包括流体进出口方式、进出口槽道形式及尺寸、复杂结构微通道形式及微通道热沉综合性能实验;第 6 章介绍用于狭长发热器件散热的歧管式微通道热沉和歧管式流体横掠微针肋阵列热沉,包括优化设计软件、数值模拟和实验测试;第 7 章介绍微通道热沉的系统集成,包括复杂结构微通道热沉、分流集成模块及分流集成系统的数值模拟与实验研究;第 8 章介绍纳米流体的制备及强化传热性能研究,包括纳米流体的制备方法、表面活性剂的种类和浓度、纳米粒子的种类和浓度、温度等参数对纳米流体综合性能的影响。

参 考 文 献

[1] Wang S, Chen H H, Chen C L. Enhanced flow boiling in silicon nanowire-coated manifold microchannels[J]. Applied Thermal Engineering. 2019, 148: 1043-1057.

[2] Shang L, Peh L S, Kumar A, et al. Thermal modeling, characterization and management of on-chip networks[C]. Proceedings of the 37th annual IEEE/ACM International Symposium on Microarchitecture. IEEE Computer Society, 2004, 67-78.

[3] Tuckerman D B, Pease R F W. High-performance heat sinking for VLSI[J]. Electron Device Letters, IEEE, 1981, 2(5): 126-129.

[4] Mehendal S S, Jacobi A M, Shah R K. Fluid flow and heat transfer at micro- and meso-scales with application to heat exchanger design[J]. Applied mechanics Reviews. Mech. Rev., 2000, 53: 175-193.

[5] Kandlikar S G. Two-phase flow patterns, pressure drop and heat transfer during boiling in minichannel and microchannel flow passages of compact heat exchangers[C]//Compact Heat Exchangers and Enhancement Technology for the Process Industries, New York: Begell House, 2001: 319-334.

[6] Agarwal A, Bandhauer T M, GarimellA S. Measurement and modeling of condensation heat transfer in non-circular microchannels[J]. International journal of refrigeration, 2010, 33(6): 1169-1179.

[7] Karathanassis I K, Papanicolaou E, Belessiotis V, et al. Multi-objective design optimization of a micro heat sink for concentrating photovoltaic/thermal (CPVT) systems using a genetic algorithm[J]. Applied Thermal Engineering, 2013, 59(1-2): 733-744.

[8] Chen Y, Cheng P. Heat transfer and pressure drop in fractal tree-like microchannel nets[J]. International Journal of Heat and Mass Transfer, 2002, 45(13): 2643-2648.

[9] Xie G N, Shen H, Wang C C. Parametric study on thermal performance of microchannel heat sinks with internal vertical Y-shaped bifurcations[J]. International journal of heat and mass transfer, 2015, 90: 948-958.

[10] Xie G N, Zhang F L, Sunden B, et al. Constructal design and therma analysis of microchannel heat sinks with multistage bifurcations in single-phase liquid flow[J]. Applied Thermal Engineering, 2014, 62: 791-802.

[11] Duangthongsu K W, Wongwises S. An experimental study on the thermal and hydraulic performances of nanofluids flow in a miniature circular pin fin heat sink[J]. Experimental Thermal and Fluid Science, 2015, 66: 28-35.

[12] Yang D W, Wang Y, Ding G F, et al. Numerical and experimental analysis of cooling performance of single-phase array microchannel heat sinks with different pin-fin configurations[J]. Applied Thermal Engineering, 2017, 112: 1547-1556.

[13] Ventola L, Dialameh M, Fasano M, et al. Convective heat transfer enhancement by diamond shaped micro-protruded patterns for heat sinks: Thermal fluid dynamic investigation and novel optimization methodology[J]. Applied Thermal Engineering, 2016, 93: 1254-1263.

[14] Manglik R M, Zhang J H, Muley A. Low reynolds number forced convection in three-dimensional wavy-plate-fin compact channels: fin density effects[J]. International Journal of Heat and Mass Transfer, 2005, 48(8): 1439-1449.

[15] Zheng Z, Fletcher D F, Haynes B S. Transient laminar heat transfer simulations in periodic zigzag channels[J]. International Journal of Heat and Mass Transfer, 2014, 71: 758-768.

[16] Sui Y, Lee P S, Teo C J. An experimental study of flow friction and heat transfer in wavy microchannels with rectangular cross section[J]. International Journal of Thermal Sciences, 2011, 50(12): 2473-2482.

[17] Dehghan M, Daneshipour M, Valipour M S, et al. Enhancing heat transfer in microchannel heat sinks using converging flow passages[J]. Energy Conversion and Management, 2015, 92: 244-250.

[18] Xia G D, Ma D D, Zhai Y L, et al. Experimental and numerical study of fluid flow and heat transfercharacteristics in microchannel heat sink with complex structure[J]. Energy Conversion and Management, 2015, 105:848-857.

[19] Chai L, Xia G D, Zhou M Z, et al. Numerical simulation of fluid flow and heat transfer in a microchannel heat sink with offset fan-shaped reentrant cavities in sidewall[J]. International Communications in Heat and Mass Transfer, 2011, 38(5): 577-584.

[20] Ghaedamini H, Lee P S, Teo C J. Developing forced convection in converging–diverging microchannels[J]. International Journal of Heat and Mass Transfer, 2013, 65: 491-499.

[21] Xia G D, Chai L, Wang H Y, et al. Optimum thermal design of microchannel heat sink with triangular reentrant cavities. Applied Thermal Engineering, 2011, 31 (6) : 1208-1219.

[22] Li Y F, Xia G D, Ma D D, et al. Characteristics of laminar flow and heat transfer in microchannel heat sink with triangular cavities and rectangular ribs[J]. International Journal of Heat and Mass Transfer, 2016, 98: 17-28.

[23] Ma D D, Xia G D, Li Y F, et al. Effects of structural parameters on fluid flow and heat transfer characteristics in microchannel with offset zigzag grooves in sidewall[J]. International Journal of Heat and Mass Transfer, 2016, 101: 427-435.

[24] Chai L, Xia G D, Zhou M Z, et al. Optimum thermal design of interrupted microchannel heat sink with rectangular ribs in the transverse microchambers[J]. Applied Thermal Engineering, 2013, 51 (1) : 880-889.

[25] Ahmed H E, Ahmed M I, Seder I M F, et al. Experimental investigation for sequential triangular double-layered microchannel heat sink with nanofluids[J]. International Communications in Heat and Mass Transfer, 2016, 77: 104-115.

[26] Leng C, Wang X D, Wang T H, et al. Optimization of thermal resistance and bottom wall temperature uniformity for double-layered microchannel heat sink[J]. Energy Conversion and Management, 2015, 93: 141-150.

[27] Leng C, Wang X D, Wang T H, et al. Multi-parameter optimization of flow and heat transfer for a noveldouble-layered microchannel heat sink[J]. International Journal f Heat and Mass Transfer, 2015, 84: 359-369.

[28] Sharma D, Singh P P, Garg H. Numerical analysis of trapezoidal shape double layer microchannel heat sink[J]. International Journal of Mechanical and Industrial Engineering, 2013, 3: 10-15.

[29] Xie G N, Chen Z Y, Sunden B, et al. Numerical predictions of the flow and thermal performance ofwater-cooled single-layer and double-layer wavy microchannel heat sinks[J]. Numerical Heat Transfer, Part A: Applications, 2013, 63 (3) : 201-225.

[30] Chein R, Chen J. Numerical study of the inlet/outlet arrangement effect on microchannel heat sink performance[J]. International Journal of Thermal Sciences, 2009, 48 (8) : 1627-1638.

[31] Jones B J, Lee P S, Garunella S V. Infrared micro-particle image velocimetry measurements and predictions of flow distribution in a microchannel heat sink[J]. International Journal of Heat and Mass Transfer, 2008, 51 (7-8) : 1877-1887.

[32] Kumaran R M, Kumaraguruparan G, Sornakumar T. Experimental and numerical studies of header design and inlet/outlet configurations on flow mal-distribution in parallel micro-channels[J]. Applied Thermal Engineering, 2013, 58: 205-216.

[33] Kumaraguruparan G, Kumaran R M, Sornakumar T, et al. A numerical and experimental investigation of flow maldistribution in a micro-channel heat sink[J]. International Communications in Heat and Mass Transfer, 2011, 38: 1349-1353.

[34] Cho E S, Cho J W I, Yoon J S, et al. Experimental study on microchannel heat sinks considering mass flow distribution with non-uniform heat flux conditions[J]. International Journal of Heat and Mass Transfer, 2010, 53 (9-10) : 2159-2168.

[35] Liu X, Yu J. Numerical study on performances of mini-channel heat sinks with non-uniform inlets[J]. Applied Thermal Engineering, 2016, 93: 856-864.

[36] Eun S C, Jong W C, Jae S Y. Modeling and simulation on the mass flow distribution in microchannel heat sinks with non-uniform heat flux conditions[J]. International Journal of Heat and Mass Transfer, 2010, 53 (7-8) : 1341-1348.

[37] Vinodhan V L, Rajan K S. Computational analysis of new microchannel heat sink configurations[J]. Energy Conversion and Management, 2014, 86: 595-604.

[38] Rahimi M, Asadi M, Karami N, et al. A comparative study on using single and multi header microchannels in a hybrid PV cell cooling[J]. Energy Conversion and Management, 2015, 101: 1-8.

[39] Mu Y T, Chen L, He Y L, et al. Numerical study on temperature uniformity in a novel mini-channel heat sink with different flow field configurations[J]. International Journal of Heat and Mass Transfer, 2015, 85: 147-157.

[40] Xia G D, Jiang J, Wang J, et al. Effects of different geometric structures on fluid flow and heat transfer performance in microchannel heat sinks[J]. International Journal of Heat and Mass Transfer, 2015, 80: 439-447.

[41] Cong J, He L, Kok C K, et al. Performance optimization of VLSI interconnect layout[J]. Integration, the VLSI Journal, 1996, 21(1-2): 1-94.

[42] Cong J, Fan Y, Han G, et al. Application-specific instruction generation for configurable processor architectures[C]. Acm/sigda, International Symposium on Field Programmable Gate Arrays. ACM, 2004: 183-189.

[43] Cong J, Lou G, Shi Y. Thermal-aware cell and through-silicon-via co-placement for 3D ICs[C]. Proceedings of the 48th Design Automation Conference. ACM, 2011: 670-675.

[44] Tsai M C, Wang T C, Hwang T T. Through-silicon via planning in 3-D floorplanning[J]. IEEE Transactions on Very Large Scale Integration(Vlsi) Systems, 2011, 19(8): 1448-1457.

[45] Yan H, Zhou Q, Hong X. Thermal aware placement in 3D ICs using quadratic uniformity modeling approach[J]. Integration, the VLSI Journal, 2009, 42(2): 175-180.

[46] Luo G, Shi Y, Cong J. An analytical placement framework for 3-D ICs and its extension on thermal awareness[J]. IEEE Transactions on Computer-Aided Design of Integrated Circuits and Systems, 2013, 32(4): 510-523.

[47] Liu C K, Yang S J, Chao Y L, et al. Effect of non-uniform heating on the performance of the microchannel heat sinks[J]. International Communications in Heat and Mass Transfer, 2013, 43(4): 57-62.

[48] Chen K, Xing J W, Wang S F, et al. Heat source layout optimization in two-dimensional heat conduction using simulated annealing method[J]. International Journal of Heat and Mass Transfer, 2017, 108: 210-219.

[49] Yoon S H, Saneie N, Kim Y J. Two-phase flow maldistribution in minichannel heat-sinks under non-uniform heating[J]. International Journal of Heat and Mass Transfer, 2014, 78(11): 527-537.

[50] Kharangate C R, Oneill L E, Mudawar I, et al. Effects of subcooling and two-phase inlet on flow boiling heat transferand critical heat flux in a horizontal channel with one-sided anddouble-sided heating[J]. International Journal of Heat and Mass Transfer, 2015, 91: 1187-1205.

[51] Choi S U S, Eestman J A. Enhancing thermal' conductivity of fluids with nanpartices[R]. Argonne National Lab., IL(United States), 1995.

[52] Yang Y T, Wang Y H, Tseng P K. Numerical optimization of heat transfer enhancement in a wavy channel using nanofluids[J]. International Communications in Heat and Mass Transfer, 2014, 51: 9-17.

[53] Sohel M R, Khaleduzzamen S S, Saidur R, et al. An experimental investigation of heat transfer enhancement of a minichannel heat sink using Al_2O_3-H_2O nanofluid[J]. International Journal of Heat and Mass Transfer, 2014, 74(5): 164-172.

[54] Hussein A M, Sharma K V, Bakar R A, et al. A review of forced convection heat transfer enhancement and hydrodynamic characteristics of a nanofluid[J]. Renewable and Sustainable Energy Reviews, 2014, 29: 734-743.

[55] Sarafraz M M, Hormozi F. Experimental investigation on the pool boiling heat transfer to aqueous multi-walled carbon nanotube nanofluids on the micro-finned surfaces[J]. International Journal of Thermal Sciences, 2015, 100(22): 255-266.

[56] Xie S Z, Beni M S, Cai J J, et al. Review of critical-heat-flux enhancement methods [J]. International Journal of Heat and Mass Transfer, 2018, 122: 275-289.

[57] 张振华, 郭忠诚. 复合镀中纳米粉体分散的研究[J]. 精细与专用化学品, 2007, 15(2): 9-13.

[58] Sakka Y, Suzuki T S, Nakano K. Microstructure control and superplastic property of zirconia dispersed alumina ceramics[J]. Journal of the Japan Society of Powder and Powder Metallurgy. 1998, 45(12): 1186-1195.

[59] Li X F, Zhu D S, Wang X J. Evaluation on dispersion behavior of the aqueous cooper nano-suspensions[J]. Journal Colloid and Interface Science. 2007, 310(2): 456-463.

[60] Xie H, Wang J, Xi T, et al. Thermal conductivity enhancement of suspensions containing nanosized alumina particles[J]. Journal of Applied Physics. 2002, 91(7): 4568-4572.

[61] 莫松平, 陈颖, 李兴. 表面活性剂对二氧化钛纳米流体分散性的影响[J]. 材料导报 B:研究篇. 2013, 27(6): 43-46.

[62] Duangthongsuk W, Wongwises S. An experimental study on the heat transfer performance and pressure drop of TiO$_2$-water nanofluids flowing under a turbulent flow regime[J]. International Journal of Heat and Mass Transfer. 2010, (53): 334-344.

[63] Lee J, Han K, Koo J. A novel method to evaluate dispersion stability of nanofluids[J]. International Journal of Heat and Mass Transfer. 2014, (70): 421-429.

[64] El-Brolossy T A, Saber O. Non-intrusive method for thermal properties measurement of nanofluids[J]. Experimental Thermal and Fluid Science. 2013, (44): 498-503.

[65] 邵雪峰, 陈颖, 贾莉斯. 中低温环境下 Al$_2$O$_3$-乙醇纳米流体稳定性的研究[J]. 功能材料. 2014, 45(20): 20024-20027.

[66] 王补宣, 李春辉, 彭晓峰. 纳米颗粒悬浮液稳定性分析[J]. 应用基础与工程科学学报. 2003, 11(2): 168-173.

第 2 章　微结构对流动换热性能影响的研究方法

2.1　数值研究方法

2.1.1　数学模型

当通道尺寸减小到一定程度会出现"微尺度效应"[1]，即常规通道中很多可以忽略的因素，在微通道中由于尺寸缩小其作用将变得更加明显。例如，常规尺寸通道中的流动和传热过程可以做以下假设：①流动处于充分发展状态；②流体的热物性参数随温度变化不明显；③可以认为流体是连续介质；④不可压缩流；⑤黏性耗散可以忽略。

本书所涉及的微结构通道由于当量直径小且通道长度较短，因此流体沿程的压降及温度变化较大，入口效应的影响通常不可忽略。Xu 等[2]指出水在直径 100μm 的微管内流动，当 Re=1000、Pr=3.54 及流体温度为 50℃时，流动入口长度及热入口长度分别为 5.5mm 和 19.47mm，它可能与被冷却芯片长度的量级相当，因此必须考虑入口效应的影响。同时，微结构通道的传热热流密度较高，流体沿流动方向的温升大，热物性参数随温度的变化也不可忽略。因此上述假设①和②不再适合微结构通道内的流动换热。对于微结构通道内的气体流动而言，假设③和④也要根据具体情况来区分。当当量直径降至微米量级时，气体的平均分子自由程当量直径的量级相当，这将导致稀薄作用、滑移及壁面温度跳跃现象等。随着气体越来越稀薄，流体不是连续性介质。不论气体或液体，假设⑤都要根据具体情况来确定。本书工质均为液体，因此需进一步具体讨论假设①、②、③及⑤是否适合微结构通道的液体流动和传热过程。

1. 入口效应

对于常规圆形通道而言，若流动处于充分发展，努塞特数（Nu）为常数，即 Nu=3.66（恒壁温加热）或 Nu=4.36（恒热流密度加热）；若流动处于发展段，Nu 随着通道长度或 Re 的变化而变化。通道的流动入口长度 L_h 及热入口长度 L_t 可由下式计算[3]，即

$$L_h \approx 0.05 Re D_h \qquad (2\text{-}1)$$

$$L_t \approx c Re Pr D_h \qquad (2\text{-}2)$$

式中，Re 为雷诺数；D_h 为当量直径，m；Pr 为普朗特数；c 为修正系数，对于圆管取 $c=0.05$，矩形管取 $c=0.1$[4]。

Morini[5]指出可用格雷兹数（Graetz，Gz）来判断是否可以忽略入口效应，Gz 准则式如下，即

$$Gz = \frac{RePrD_h}{L_{ch}} \tag{2-3}$$

式中，L_{ch} 为通道长度，m。

对于微通道，当 $Gz<10$ 时，入口效应可以忽略。以微通道长 $L_{ch}=10mm$，当量直径 $D_h=0.1333mm$ 为例，20℃时水的 $Pr=7.02$。经计算，当 $Re<107$ 时可以忽略入口效应。因此，可根据研究条件，确定是否需要考虑入口效应对微通道内的流动传热特性的影响。

2. 热物性参数

对于微通道内的流动换热，由于流体温度沿程变化较大，因此温度对流体热物性参数的影响较明显。Wu 等[6]通过数值方法研究了去离子水流经双层微通道热沉的流动传热特性，去离子水的热导率（又称导热系数）和黏度随流体温度的变化关系如下：

$$\lambda_f(T) = -1.079257 + 9.43573 \times 10^{-3}T - 1.266071 \times 10^{-5}T^2 \tag{2-4}$$

$$\mu_f(T) = 2.414 \times 10^{-5} \times 10^{\frac{247.8}{T-140}} \tag{2-5}$$

式中，λ 为热导率，W/(m·K)；μ 为动力黏度，Pa·s；T 为温度，K。

Nguyen 等[7]和 Das 等[8]根据实验数据拟合出体积分数为 1%的 Al_2O_3 纳米流体的黏度及热导率随流体温度的变化，其表达式如下：

$$\mu_{nf} = c_0 + c_1T + c_2T^2 + c_3T^3 \tag{2-6}$$

$$\lambda_{nf} = c_4 + c_5T \tag{2-7}$$

式中，下标 nf 代表纳米流体，$c_0=187.1725 \times 10^{-3}$，$c_1=-1.6551 \times 10^{-3}$，$c_2=4.9134 \times 10^{-6}$，$c_3=-4.8839 \times 10^{-9}$，$c_4=-0.3687$，$c_5=3.3497 \times 10^{-3}$。

因此，在计算与微通道热沉有关工质的热物性参数时，需考虑温度的影响。

3. 共轭传热

共轭传热是指对流传热过程中包括固体内部的导热、流体与固体之间的耦合传热及流体内部的对流传热作用。在微通道对流传热中，共轭传热过程包括硅基

底之间的导热、通道肋壁的轴向导热、流体内部的对流传热及流体与固体壁面之间的对流传热作用。Fedorov 等[9]模拟了矩形微通道热沉的三维不可压缩流体流动换热特性，并指出硅基底的导热量及流体间的对流换热量占总传热量的主要部分，三维模型的计算结果更精确。Maranzana 等[10]指出可用壁面间的轴向导热量及流体与固体之间对流换热量比值的无量纲数 M 来判定微通道对流传热过程中轴向导热量的比重，M 的表达式如下：

$$M = \frac{\Phi_{\text{cond}}}{\Phi_{\text{conv}}} = \frac{\lambda_s \dfrac{H_b W_{\text{ch}}}{L_{\text{ch}}}}{\rho_f c_{p,f} H_{\text{ch}} W_{\text{ch}} u_{\text{in}}} \qquad (2\text{-}8)$$

式中，Φ 为换热量，W，下标 cond、conv 分别为轴向导热量和固体与流体间的对流换热量；ρ 为流体的密度，kg/m³，下标 f 为液体；c_p 为比热容，J/(kg·K)；H_b 为通道的基底高，m；H_{ch} 为通道高，m；W_{ch} 为通道宽，m；u 为流体速度，m/s，下标 in 代表入口。若 $M < 0.01$，则可忽略轴向导热作用。

4. 黏性耗散作用

为了衡量微通道由流动与传热引起的黏性耗散大小，Morini[11]提出了用布林克曼数（Bringkman number，Br）来评价，其中，对于恒壁温加热或恒热流加热的情况，可分别采用式（2-9）或式（2-10）计算，即

$$\text{Br} = \frac{\mu_f u_m^2}{\lambda_f (T_b - T_f)} \qquad (2\text{-}9)$$

$$\text{Br} = \frac{\mu_f u_m^2}{q_w} \qquad (2\text{-}10)$$

式中，μ_f、λ_f、T_b、T_f 及 q_w 分别为流体的动力黏度、热导率、热沉底面的平均温度、流体的平均温度及热流密度。

若满足下式条件，黏性耗散可以忽略：

$$\frac{8 A_{\text{ch}} \text{Br}(fRe)}{D_h^2} < \kappa_{\text{lim}} \qquad (2\text{-}11)$$

式中，κ_{lim} 取值为 5%。在本书研究范围内，不等式（2-11）左边的数量级为 $10^{-7} \sim 10^{-9}$，远小于 5%。因此，本书涉及的所有微通道均可忽略黏性耗散作用。

5. 连续性模型

对于微通道内的液体流动与传热过程，若微通道的特征尺度远大于流体粒子

的平均自由程,则连续介质假设依然成立。通常用克努森数(Knudsen number, Kn)划分微尺度流动所处的流动区域,并以此用来判断宏观尺度的数学模型及边界条件是否适用于微尺度。其定义为分子的平均自由程与特征尺度的比值,表达式如下:

$$Kn = \frac{\Lambda}{L} \tag{2-12}$$

式中, Λ 为分子的平均自由程, m; L 为特征尺度, m。

当 $Kn \leqslant 10^{-3}$ 时, N-S 方程及无滑移边界条件仍然适用;当 $10^{-3} \leqslant Kn \leqslant 0.1$ 时, N-S 方程仍然适用,但要用滑移边界条件;当 $0.1 \leqslant Kn \leqslant 10$ 时,属于过渡区,可以采用分子动力学方法。Liu 等[12]分别用计算流体动力学(computational fluid dynamics, CFD)和格子玻尔兹曼(lattice Botlzmann, LBM)两种方法模拟了工质水流经微通道的流动与传热过程,结果表明这两种方法所得的结果相差不大,说明 CFD 方法同样适用于模拟液体流经微通道的对流传热情况。以常用工质——去离子水为例,水分子的平均自由程数量级约为 10^{-10} m[13,14],微通道特征尺度的数量级约为 10^{-4} m,由式(2-12)可得到 Kn 数具有 10^{-6} 数量级($\ll 10^{-3}$),因此, N-S 方程及其无滑移条件仍然适用。

由于微通道尺寸较小,液体的流动大多都处于层流范围内,且属于稳态、不可压缩流动,因此可忽略体积力、热辐射及表面张力的影响。微通道内单相流体流动及传热的控制方程如下。

连续性方程:

$$\frac{\partial}{\partial x_i}(\rho u_i) = 0 \tag{2-13}$$

动量方程:

$$\frac{\partial}{\partial x_i}(\rho_f u_i u_j) = -\frac{\partial}{\partial x_j} p + \frac{\partial}{\partial x_i}\left[u_f \left(\frac{\partial u_j}{\partial x_i} + \frac{\partial u_i}{\partial x_j} \right) \right], \quad i, j = 1, 2, 3 \tag{2-14}$$

能量方程:

$$\frac{\partial}{\partial x_i}(\rho_f u_i c_{pf} T) = \frac{\partial}{\partial x_i}\left(\lambda_f \frac{\partial T}{\partial x_i} \right) + u_f \left[2\left(\frac{\partial u_i}{\partial x_i} \right)^2 + \left(\frac{\partial u_j}{\partial x_i} + \frac{\partial u_i}{\partial x_j} \right)^2 \right] \quad \text{(液体)} \tag{2-15}$$

$$\frac{\partial}{\partial x_i}\left(\lambda_s \frac{\partial T}{\partial x_i} \right) = 0 \quad \text{(固体)} \tag{2-16}$$

2.1.2　数值模拟

　　Ansys 软件中的 Fluent 模块作为一款比较成熟稳定的流体力学计算工具，可对流场和温度场进行有效的呈现，在微通道对流换热研究中得到了广泛的应用。首先对计算区域进行建模和网格划分，然后导入 Fluent 中，根据流动状态选取合理的计算模型并设置相应的边界条件，采用有限容积法对控制方程进行求解，通过监测残差变化，得到其流动换热性能的相关参数。由于微结构散热器内各流道流动和换热的对称性，在研究微结构参数对流动换热的影响时，一般选取单根流道单元作为计算区域，以减小计算资源的消耗；在对微结构散热器进出口布局等整体性进行研究时，选用整个微结构散热器作为计算区域。根据以上微通道流动换热的数学模型描述，所用材料的物性参数随温度变化，采用有限容积法求解上述方程，压力-速度用 SIMPLEC 算法耦合进行求解，对流项采用二阶迎风格式进行空间离散化，扩散项选用二阶中心差分格式进行离散。当残差值小于 10^{-6} 时，可认为数值解收敛。

　　1. 求解方法

对于单根微通道内流体流动和换热性能的计算，边界条件设置如下。

(1) 速度入口：

$$u = u_{\text{in}}, \quad v = w = 0, \quad T = T_{\text{in}}, \quad x = 0 \tag{2-17}$$

(2) 压力出口：

$$p = p_{\text{out}}, \quad x = L_{\text{ch}} \tag{2-18}$$

(3) 固液接触面：

$$\vec{U} = 0, \quad T_{\text{f}} = T_{\text{s}}, \quad -\lambda_{\text{s}} \nabla T_{\text{s}}\big|_n = -\lambda_{\text{f}} \nabla T_{\text{f}}\big|_n \tag{2-19}$$

(4) 左右两侧对称面：

$$\nabla T\big|_n = 0, \quad y = 0, \quad y = W \tag{2-20}$$

(5) 微通道上表面绝热及底面加热：

$$\begin{cases} \nabla T_{\text{s}}\big|_n = 0, & z = H \\ q_{\text{w}} = -\lambda_{\text{s}} \nabla T_{\text{s}}\big|_n, & z = 0 \end{cases} \tag{2-21}$$

　　2. 模型验证

数值模型在计算时必须进行模型验证，以保证计算结果的正确性。模型验证分为网格独立性验证和数值算法验证。网格独立性验证是对同一个模型选用不同密度的计算网格，检验网格密度的变化对计算结果的影响，它是对计算精确度的检验。数值算法验证是选取某些参数与已有经验公式或已发表文献的结果作对比，它是对算法准确度的检验。

对于矩形微通道内流体流动及换热的性能参数，目前已经有了较为准确的理论值。针对底面加热的矩形微通道内流体层流对流换热问题，考虑流动发展段影响的表面摩擦系数 f[15] 和努塞特数 Nu[16] 的经典理论关联式表达如下：

$$f = f_{\text{fd}} + \frac{KD_{\text{h}}}{L_{\text{ch}}} \tag{2-22}$$

$$Nu_{3,x} = Nu_{4,x} \frac{Nu_{3,\text{fd}}}{Nu_{4,\text{fd}}} \tag{2-23}$$

式中，f 为摩擦系数，下标 fd 表示充分发展段；K 为修正系数；$Nu_{3,x}$、$Nu_{4,x}$ 分别为考虑入口效应的微通道三面加热、四面加热时的努塞特数；$Nu_{3,\text{fd}}$，$Nu_{4,\text{fd}}$ 分别为流动充分发展时微通道三面加热、四面加热时的努塞特数。其相关计算公式如下：

$$f_{\text{fd}}Re = 96(1 - 1.3553\alpha_{\text{c}} + 1.9467\alpha_{\text{c}}^2 - 1.7012\alpha_{\text{c}}^3 + 0.9564\alpha_{\text{c}}^4 - 0.2537\alpha_{\text{c}}^5) \tag{2-24}$$

$$Re = \frac{\rho u D_{\text{h}}}{\mu} \tag{2-25}$$

$$K = 0.6797 + 1.2197\alpha_{\text{c}} + 3.3089\alpha_{\text{c}}^2 - 9.5921\alpha_{\text{c}}^3 + 8.9089\alpha_{\text{c}}^4 - 2.9959\alpha_{\text{c}}^5 \tag{2-26}$$

$$Nu_{3,\text{fd}} = \frac{8.2321 + 1.2771\alpha_{\text{c}} + 2.2389\alpha_{\text{c}}^2}{1 + 2.0263\alpha_{\text{c}} + 0.2981\alpha_{\text{c}}^2 + 0.0065\alpha_{\text{c}}^3} \tag{2-27}$$

$$Nu_{4,\text{fd}} = \frac{8.2313 - 2.295\alpha_{\text{c}} + 7.928\alpha_{\text{c}}^2}{1 + 1.9349\alpha_{\text{c}} + 0.9238\alpha_{\text{c}}^2 + 0.0034\alpha_{\text{c}}^3} \tag{2-28}$$

式中，微通道宽高比 α_{c} 可根据表 2-1 采用线性插入法获得，其中 x^* 定义为

$$x^* = \frac{x}{D_{\text{h}}Re\,Pr} \tag{2-29}$$

通过对矩形微通道内流体流动换热性能的有效性验证，可将此数值方法用于其他复杂结构微通道内流动换热性能的研究。

表 2-1 不同宽高比下 $Nu_{x,4}$ 的表达式

α_c	表达式
0.1	$Nu_{4,x} = \left[36.736 + 17559\, x^* + 555480\,(x^*)^2\right] / \left[1 + 2254\, x^* + 66172\,(x^*)^2 + 1212.6\,(x^*)^3\right]$
0.25	$Nu_{4,x} = \left[30.354 + 13842\, x^* + 783440\,(x^*)^2\right] / \left[1 + 1875.4\, x^* + 154970\,(x^*)^2 - 8015.1\,(x^*)^3\right]$
0.33	$Nu_{4,x} = \left[31.297 + 14867\, x^* + 622440\,(x^*)^2\right] / \left[1 + 2131.3\, x^* + 144550\,(x^*)^2 - 13297\,(x^*)^3\right]$
0.5	$Nu_{4,x} = \left[28.315 + 27038\, x^* + 1783300\,(x^*)^2\right] / \left[1 + 3049\, x^* + 472520\,(x^*)^2 - 35714\,(x^*)^3\right]$
1.0	$Nu_{4,x} = 6.7702 - 3.1702\, x^* + 0.4187\,(\ln x^*)^2 + 2.1555 \ln x^* + 2.76 \times 10^{-6}\,(x^*)^{-1.5}$

2.1.3 数值优化

1. 矩形微通道结构尺寸的优化方法

根据已有的经典关联式进行程序编写，求解给定初始条件(流量、压降、泵功)下研究范围内不同矩形微通道结构参数的目标函数，通过对比迭代，得到最优目标函数值和相应的结构参数。热阻作为换热评价的重要指标，选其为目标函数。

目标函数——最小热阻 J 是通道根数 (N)、孔隙率 (I) 和通道宽高比 (α_c) 的函数：

$$J = \min(R_{th}(N, I, \alpha_c)) \tag{2-30}$$

式中，R_{th} 为热阻，k/W。

在给定流量 Q_v 下，流体速度 u 由以下公式计算，可得

$$u = \frac{Q_v}{N W_{ch} H_{ch}} \tag{2-31}$$

式中，Q_v 为体积流量，m^3/s。

在给定压降 Δp 的情况下，结合式(2-19)、式(2-21)和式(2-22)以及在给定泵功的情况下结合式(2-33)可得到流体速度 u：

$$f = \frac{2\Delta p D_h}{\rho L_{ch} u^2} \tag{2-32}$$

$$P_p = \Delta p Q_v \tag{2-33}$$

式中，P_p 为泵功，W。

这时在确定通道结构和入口速度的条件下，根据入口温度和换热量计算可得到流体出口温度，采用差分法可得到工质的物性参数，固体的物性参数为常数，

如表 2-2 所示。

$$T_{\text{out}} = \frac{\Phi}{\rho c_{\text{p}} Q_{\text{v}}} + T_{\text{in}} \tag{2-34}$$

表 2-2　材料物性参数

变量	工质(水)	固体(硅)
$c_{\text{p}}/[\text{J}/(\text{kg·K})]$	线性差分	712
$\mu/(\text{Pa·s})$	线性差分	—
$\rho/(\text{kg/m}^3)$	线性差分	2329
$\lambda/[\text{W}/(\text{m·K})]$	线性差分	149

由于微通道热沉的热量沿传热面均匀分布，所以在微通道内只考虑 z 方向的热流，而 x 方向和 y 方向的热流均可忽略不计。

热源在热沉底面产生的热量 Φ 经过了三个传递过程[17]。

1) 热传导

热量经微通道热沉的基底沿 z 方向流进微通道热沉的肋片间，此时有

$$\Phi_{\text{cond}} = \frac{T_{\text{w,o}} - T_{\text{w,i}}}{\dfrac{H_{\text{b}}}{\lambda A_{\text{flim}}}} \tag{2-35}$$

式中，A_{flim} 为加热膜的有效面积，m^2；T_{w} 为壁面平均温度，K，下标 o、i 分别为通道的外壁面和内壁面。

2) 对流换热

在微通道的肋片与冷却液的交界面处，热量沿微通道热沉的肋片进入微通道，此时有

$$\Phi_{\text{conv}} = \frac{T_{\text{w,i}} - T_{\text{f}}}{\dfrac{1}{h A_{\text{ch}} \eta_{\text{o}}}} \tag{2-36}$$

式中，η_{o} 为微通道热沉的肋壁效率。

对流换热系数 h 可由下式得

$$h = \frac{\lambda_{\text{f}} Nu}{D_{\text{h}}} \tag{2-37}$$

式中，Nu 可由式(2-23)、式(2-27)、式(2-28)及表 2-1 计算得到。

冷却液与固体壁面的接触面积 A_{ch} 可表示为

$$A_{ch} = N(L_{ch} \cdot W_{ch} + 2L_{ch} \cdot W_{ch}) \tag{2-38}$$

3）冷却液焓的变化

热量进入微通道内，冷却液携带热量沿着微通道方向流动，冷却液温度升高，此时有

$$\Phi_{cap} = c_p \dot{m}(T_{out} - T_{in}) \tag{2-39}$$

式中，下标 cap 为焓变过程；$\dot{m}$ 为工质的质量流量，kg/s。

假设热量传递过程中没有其他的能量损失，根据能量守恒定律有

$$\Phi_{cond} = \Phi_{conv} = \Phi_{cap} = \Phi \tag{2-40}$$

上述三个传热阶段对微通道的总热阻均有贡献，具体分析如下。

（1）由式（2-35）有

$$T_{w,o} - T_{w,i} = \Phi_{cond} \frac{H_b}{\lambda A_{flim}} \tag{2-41}$$

（2）由式（2-36）有

$$T_{w,i} - T_f = \Phi_{conv} \frac{1}{h A_{ch} \eta_o} \tag{2-42}$$

（3）由式（2-39）有

$$T_{out} - T_{in} = \frac{\Phi_{cap}}{c_p \dot{m}} \tag{2-43}$$

对于所研究的微通道，经过计算得知，$(T_{w,i} - T_{out})/(T_{w,i} - T_{in}) < 2$，所以冷却液进口温度与出口温度的平均温度 T_f 可采用算术平均温差方法进行求解，即

$$T_f = \frac{T_{in} + T_{out}}{2} \tag{2-44}$$

由式（2-43）和式（2-44）得

$$T_f - T_{in} = \frac{\Phi_{cap}}{2c_p \dot{m}} \tag{2-45}$$

（4）将式（2-41）、式（2-42）及式（2-45）相加，代入式（2-40）整理得

$$\Phi = \frac{T_{w,o} - T_{in}}{\dfrac{H_{ch}}{\lambda A_{flim}} + \dfrac{1}{h A_{ch} \eta_o} + \dfrac{1}{2 c_p \dot{m}}} \tag{2-46}$$

式中，分母的各项 $\dfrac{H_{ch}}{\lambda A_{flim}}$、$\dfrac{1}{h A_{ch} \eta_o}$、$\dfrac{1}{2 c_p \dot{m}}$ 分别为导热热阻 R_{cond}、对流热阻 R_{conv} 及由冷却液吸热焓变所产生的热阻 R_{cap}。

因此，总热阻 R_{th} 为[18]

$$R_{th} = \frac{T_{w,o} - T_{in}}{\Phi} \tag{2-47}$$

以上公式通过 MATLAB 编程计算求解，并通过以下迭代优化，优化过程如下。

(1) 给定变量 N、I、α_c 初始值，I、α_c 存在于 N 的内循环中，α_c 存在于 I 的内循环中，每次计算给出微小的结构尺寸增量。

(2) 通过给定的限制条件确定流体的物性参数，若通道高度和通道宽高比不在研究范围内，则终止计算，否则计算目标函数热阻 J。

(3) 如果本次循环中目标函数热阻 $J_i > J_{i-1}$，那么 $J_i = J_{i-1}$，$yN = N$，$y\alpha_c = \alpha_c$，$yH_c = H_c$，$yI = I$，$yT_w = T_w$，$yR_{th} = R_{th}$，$yp = p$，$yP_p = P_p$，$i = i+1$，执行下一次循环；否则进行下一次循环。

(4) 最后输出最小热阻对应下的微通道结构参数和相关数据。

2. 复杂结构微通道结构参数的优化方法

遗传算法是基于自然选择的原理、遗传机理即自适应搜索而提出的一种算法，其中所用的术语均来源于自然遗传学，如染色体、种群、选择、交叉即变异能。从理论上讲，遗传算法能从概率的意义上随机寻找目标函数的最优解，因此比传统优化算法的适应性更强[19]。多目标遗传算法的优化步骤如图 2-1 所示。首先，选择目标函数。目标函数的选择要能评价通道的流动和传热性能，一般选择热阻 R_{th} 和泵功 P_p 作为目标函数。根据需要优化的结构参数，任意选择多组相关参数的结构（一般大于 20 组），并根据初始条件，利用其他软件或程序建立初始种群，构建由设计变量和目标函数组成的代理方程（surrogate function）$Y(X)$，即目标函数方程。响应平面近似法（response surface approximation method，RSA）是构建代理函数方程最简单且便捷的方法之一[20]。然后，进行多目标遗传的优化算法，寻找 Pareto 优化解。Pareto 优化解是一个解集。最后，采用 K-means 聚类法把所得优化解集进行聚类得到某几个代表性解。

多目标遗传算法优化问题的数学表达式如下：

$$\min_{x \in R^n} Y(X) = \min_{x \in R^n} \left\{ y_1(X), y_2(X), \cdots, y_{\mathrm{m}}(X) \right\}$$

$$G(X) \leqslant 0 \, , \quad H(X) \leqslant 0 \, (lb \leqslant X \leqslant ub) \tag{2-48}$$

式中，$Y(X)$ 为目标函数；X 为设计变量；$G(X) \leqslant 0$ 为不等式约束条件；$H(X)=0$ 为等式约束条件；lb 和 ub 为设计变量 X 的下限和上限。

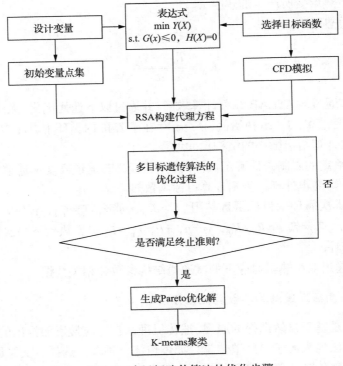

图 2-1　多目标遗传算法的优化步骤

2.2　实验研究方法

2.2.1　流场可视化测试

正确理解微通道内流体流动及传热特性是设计高效、紧凑、换热性能良好的微通道热沉的关键。首先，观测流体内部的流动情况是研究和设计微通道热沉的基础。从宏观上讲，对于微通道内流体流动参数的测量一般取进出口压降值，进而得到流动摩擦系数；从微观上讲，研究微通道内部详细的流场信息，如速度场、矢量场等，可以更为深入地了解微结构通道内的流动强化传热机理，为高热流密度的复杂结构微通道热沉设计提供必要的研究基础。

随着微流体技术、生物医学等现代科学的发展和交叉融合，人们对流场测量的关注已经开始向微/纳尺度流场测量的方向发展，因此微通道内流场测量已成为微流体实验研究的一个重要方向。为了深入研究微尺度下流体的流动特性、变化规律和变化机理，1998 年，Santiago 等[21]首次搭建了 Micro-PIV 系统。该系统以汞灯作为连续性光源，以直径为 300nm 的聚苯乙烯粒子作为示踪粒子，成功用 CCD 相机拍摄了粒子图像，并通过对粒子图像的处理得到了流体的速度；同时测得了 120μm×120μm 的 Hele-Shaw 模型中表面张力驱动流的主流流速为 50μm/s。此后，Micro-PIV 系统得到了快速发展，为微尺度下单相流动、多相流动、汽泡生长等领域的研究提供了基础。Meinhart 等[22,23]利用 Micro-PIV 技术对 30μm×300μm 玻璃通道中的流体流速进行了测量，获得的图像分辨率为 0.9μm×13.6μm；之后他们又提出用平均相关技术对粒子图像进行处理，获得的流场图像分辨率远小于 1μm。Ahmad 等[24]利用 Micro-PIV 技术对微通道热沉内入口段的流动特性进行了研究，发现微尺度下的实验结果与常规尺度入口段的长度关联式相符。Hao 等[25]对含有矩形粗糙元的微通道进行了 Micro-PIV 流场可视化研究，并观察到了流体流动从层流向湍流的转变过程。Renfer 等[26]测量了顺排及叉排圆形微针肋热沉内的压降，并利用 Micro-PIV 技术获得了流场分布，结果表明涡旋脱落和流体对针肋的冲击导致了压降的增加。

综上所述，Micro-PIV 技术在微尺度流场的研究中具有很好的应用前景。由于微尺度流动对传热具有重要影响，因此利用 Micro-PIV 技术进行流场可视化实验，对深入分析复杂微结构通道内的流体流动与传热特性具有重要的意义。

1. Micro-PIV 实验测试系统

Micro-PIV 通过跟踪工质中跟随性好、光散射性好的荧光示踪粒子，利用其运动来表征当地流体的运动，其测试原理如图 2-2 所示。首先，双脉冲激光器发射出激光，经滤光光圈过滤，再通过棱镜反射进入倒置显微镜并进行放大；然后，通过注射泵向实验件注入带有悬浮示踪粒子的流体，体光源照射流场中的某区域；最后，由高速摄像机通过两次连续很短的曝光对粒子进行成像拍摄，记录粒子瞬间运动前后的位移，由同步器同步导入计算机并用对应软件计算被测区域内的瞬时流场分布。以上装置在 FlowMaster MITAS 光学平台（三维电动精密位移台定位显微智能成像测量平台）上进行测试，再通过 LaVision 中模块化 Davis 软件实现图像采集及数据分析。

在实验过程中，示踪粒子的选择至关重要，它将直接影响 Micro-PIV 的测量结果。因此，在选取示踪粒子时除需满足无毒、化学性质稳定等一般要求外，还需要满足散光性、流动跟随性等要求。表 2-3 列举了在 Micro-PIV 系统中气体工质和液体工质常用的示踪粒子。

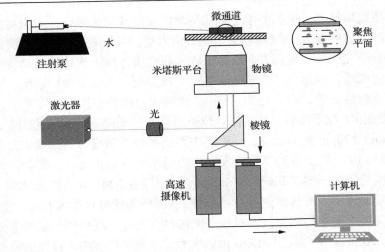

图 2-2　Micro-PIV 测试系统原理图

表 2-3　示踪粒子直径及应用[27]

工质	种类	材料	平均直径/μm
气体	固体	聚苯乙烯	0.5～10
		氧化铝	0.2～5
		氧化钛	0.1～5
		实心玻璃微珠	0.2～3
		空心玻璃微珠	30～100
	液体	油	0.5～10
		乙基己基癸二酸酯(DEHS)	0.5～1.5
液体	固体	聚苯乙烯	0.5～10
		铝	2～7
		空心玻璃微珠	10～100
	液体	油	50～500
	气体	氧气泡	50～1000

　　选取示踪粒子时，应从粒子的折射率、粒径、密度、浓度等性质来考虑。

　　第一是折射率。在相同激光条件或温度变化不大的情况下，物体的折射率无明显变化。示踪粒子的折射率与工质的折射率的差值越大，其对入射激光的散射就越好，获得的粒子图像越清晰。

　　第二是示踪粒子的粒径，它将影响粒子的跟随性与散射性。粒子的跟随性主要受沉降速度 u 的影响，由式(2-49)[28]可得

$$u = \frac{gd_p^2(\rho_p - \rho_l)}{18\mu} \tag{2-49}$$

式中，d_p 为示踪粒子的直径，m；ρ_p 为示踪粒子的密度，kg/m³；ρ_l 为工质的密度，kg/m³；μ 为工质的动力黏度系数，Pa·s。

粒子直径越小则粒子沉降速度越小，从而粒子的跟随性越好；但是粒子直径过小，其散射性效果就会变差，成像质量较差[29]，同时会带来更加剧烈的布朗运动，增加了随机噪声，从而影响流场的计算。

第三是粒子密度。由式(2-49)可知，粒子密度越小，其沉降速度越小，跟随性越好。但在封闭的通道中，密度过小会使粒子漂浮在通道顶部，无法起到跟踪流体的目的。所以，为了获得更好的跟随性，粒子密度应尽可能接近流体工质的密度。

第四是示踪粒子的浓度。示踪粒子的浓度直接影响成像的质量。若粒子浓度过低，则粒子散射性弱，成像质量差；若粒子浓度过高，则会导致粒子图像的重叠雾化等。低浓度示踪粒子的流场用粒子跟踪测速技术 (particle tracing velocimetry, PTV) 测量，高浓度示踪粒子的流场采用激光散斑测速技术 (laser speckle velocimetry, LSV) 测量。如果不确定示踪粒子对样品的影响程度，通常的经验是其体积分数不应大于 10%。

综合考虑以上因素，本课题组采用美国 Duke Scientific 公司提供的 Fluoro-Max 红色荧光示踪粒子，其成分为聚苯乙烯，添加有少量表面活性剂，密度为 1.05g/cm³，折射指数在 25℃时为 1.59@589nm。以入口段为例，对比粒径为 1μm 和 2μm 的示踪粒子所测的流场，结果如图 2-3 所示。从图中可以看出，采用粒径为 1μm 的示踪粒子测量得到的流场中有很多微小旋涡，而采用粒径为 2μm 的示踪粒子测量得到的流场比较规则，受布朗运动的影响较小。因此，本课题组将采用粒径为 2μm 的示踪粒子进行测量。

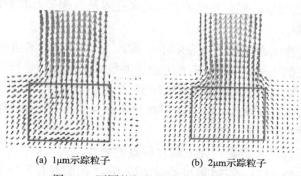

(a) 1μm示踪粒子   (b) 2μm示踪粒子

图 2-3 不同粒径的示踪粒子所测流场

2. PDMD 微流控芯片的加工

聚二甲基硅氧烷(polydimethylsiloxane，PDMS)的价格低廉、透光性好、易于加工，被广泛用于微流控实验件加工。PDMS 微流控芯片需在洁净室完成加工，以保证加工的精度和质量。一般采用二次模塑成型工艺，工艺流程主要包括四个部分：掩膜版制作、SU-8 硅片模具制作、PDMS 芯片制作和 PDMS 芯片键合，如图 2-4 所示。

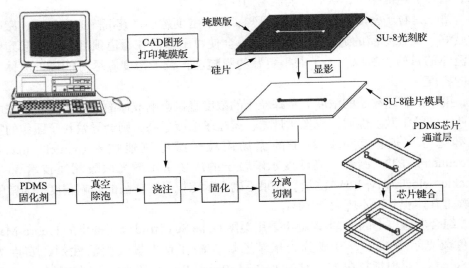

图 2-4　PDMS 加工流程图

PDMS 芯片制作的详细步骤如下。

(1)制作带有微结构模型的掩膜版，其作用类似于相片的黑色底片。

(2)对硅片进行清洗，硅片的清洁度对 PDMS 芯片的质量有很大影响，这一步相当关键。分别用浓硫酸、去离子水、无水乙醇及丙酮等对其清洗，并在200℃的电热板上加热烘干。

(3)把清洗干净的硅片放入挥发缸中，滴入 1~2 滴修饰液进行修饰。

(4)在硅片上倒入适量的 SU-8 光刻胶，并放入匀胶机中进行匀胶，使硅片上的光刻胶均匀分布，保证微结构的高度一致。

(5)把硅片放入光刻机中，并把掩膜版置于硅片上方，根据微结构的加工高度设置相应的曝光时间，进行曝光。

(6)曝光后，再进行显影，完成硅片模具的制作。

(7)准备 PDMS 材料。将树脂和凝固剂按 10:1 比例混合形成 PDMS 材料，并放置于真空腔中进行搅拌并抽真空，使其混合均匀并抽走气泡。

(8)在硅片模具上表面滴入 1～2 滴 PDMS 修饰液，其目的是方便最后剥离 PDMS 及硅片。

(9)把配置好的 PMDS 材料倒入之前制作好的硅片模具中，这时的 PDMS 材料很黏稠，静置 10～20min，使其均匀覆盖在硅片模具上。

(10)放置于 85℃干燥箱中热烘至少半小时，以加快 PDMS 材料的凝固速度。

(11)切割 PDMS 材料并在等离子机中对 PMDS 模具进行键合，完成 PDMS 实验件的制作，图 2-5 为已制作完成的 PDMS 实验件及由显微镜拍摄的内部通道放大图。

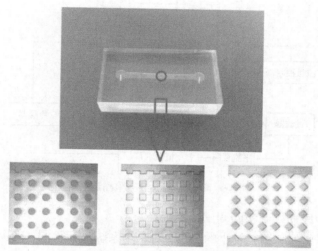

图 2-5　PDMS 微流控芯片及电镜图

2.2.2　单相对流换热实验

1. 实验测试系统

微结构散热器内流体的单相对流换热实验系统一般包含流体环路系统、加热系统和数据采集系统。流体环路系统中流体在泵的驱动下，从恒温水箱流出，流经过滤器、测试段、冷凝器，最终流入恒温水箱，形成环路系统。采用电源对微结构散热器背面的金属薄膜进行加热。使用热电偶、压差变送器、精密电压表、精密电流表及红外热像仪对数据进行测量，并通过数据采集系统进行收集。

图 2-6 为硅基微通道热沉内流体的对流换热实验测试系统，实验工质为去离子水。去离子水在平流泵的驱动下，从恒温水箱流出，流经过滤器、测试段、冷凝器，最终流入恒温水箱，形成流体的环路系统。为了避免杂质堵塞管路及实验件，在平流泵入口及实验件入口处分别安装 3μm 过滤器。为了减小管路中的热损

失，管路外均包裹高发泡聚乙烯保温材料。采用直流稳压电源对微结构散热器背面的金属薄膜进行加热。恒温水箱和冷凝器保证了流体的入口温度。金属薄膜的加热功率及电阻由精密电压表和精密电流表获得，薄膜表面的温度分布由红外热像仪测量得到，微通道热沉流体的进出口温度由热电偶测量，进出口压力由压差变速器测量，最后通过 Agilent 数据采集仪收集。实验步骤如下。

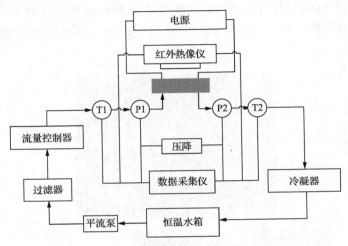

图 2-6　单相对流换热实验测试系统

(1)将实验段连接到实验测试系统中。

(2)打开平流泵，调至较小的流量，对整个系统进行检漏，确保其密封性和稳定性。

(3)将流量调大，排出管路中的气体，同时排出压差变速器连接管路中的气体，确保测试的稳定性和准确性。

(4)调节平流泵，设定流量；同时打开恒温水箱和冷凝器，调至所需的温度；打开红外热像仪和数据采集仪。

(5)调节直流稳压电源，根据所需热流，设定给定电压并记录。

(6)通过监控压力和温度数据的波动情况，待系统稳定后进行数据和温度分布的采集。

(7)重复步骤(4)～(6)，研究流量和热流密度对流动换热特性的影响。

实验测试完成后，先将电源逐渐调小直至关闭，以免微结构散热器被烧；再依次关闭平流泵、恒温水箱、冷凝器、红外热像仪和数据采集仪。

2. 微通道热沉的加工

针对微电子器件的散热，散热器材料的热膨胀系数和热导率至关重要。如果微型散热器材料与电子器件热膨胀系数的差异性较大，那么由此产生的热应力会引起其变形甚至断裂。散热器的热导率越高，导热性能越好，热阻越小，传热效率就会越高。此外，还要考虑微通道热沉材料的可加工性、原材料的成本、环保性及电阻等。常用的材料有无氧铜、钨铜、钼铜、铝和硅等。

对于铜基微通道热沉，由于无氧铜的高导热性，一般被选择为微通道的加工层。但无氧铜与芯片的热匹配性较差，因此与芯片表面接触的铜基微通道热沉底层选择与芯片热膨胀系数匹配的钨铜。另外，从减小微通道热沉加工时的加工应力方面考虑，散热器材料采用上下对称的结构。目前针对无氧铜制备微通道热沉的技术有很多种，主要使用整体微细加工法进行加工制备，其中主要包含薄膜沉积、光化学蚀刻、湿蚀刻、微结构封装、线切割及激光切割等技术。如图 2-7 所示为作者所在课题组设计加工的铜基微通道散热器，该散热器选用钨铜和无氧铜为基材，各层采用不同工艺进行加工，最后进行真空焊接封装、切割，形成单个铜基微通道散热器。加工完成的散热器还要进行表面处理，以防止氧化。

图 2-7　铜基微通道散热器

对于硅基微通道热沉，采用等离子蚀刻技术进行加工。为了便于流动的可视化研究，硅基微通道热沉的封装片一般选用 Pyrex7740 耐热玻璃，同时硅-玻璃的键合温度低、键合界面牢固、长期稳定性好。实验测试阶段采用薄膜电阻通电加热的方式来代替实际芯片加热。薄膜电阻选用与基底附着性好、物理化学性能稳定、延展性和热电性好的铂，并通过合理设计使其产生均匀的热流。为了减小导线连接处的局部热阻，加热膜的引脚处选用低电阻率的金属金。

干法等离子刻蚀技术可实现对大高宽比、壁面垂直且精度高的微小结构制备，其加工工艺比较复杂，主要的加工流程如图 2-8 所示。主要可分为五个部分：掩模版制作→微通道加工→加热膜制备→玻璃键合→划片。部分硅基微结构的扫描电镜图及硅基微通道散热器如图 2-9 所示。

(a) 硅片准备　　　　　　　　　　　　　(g) 深度反应离子刻蚀

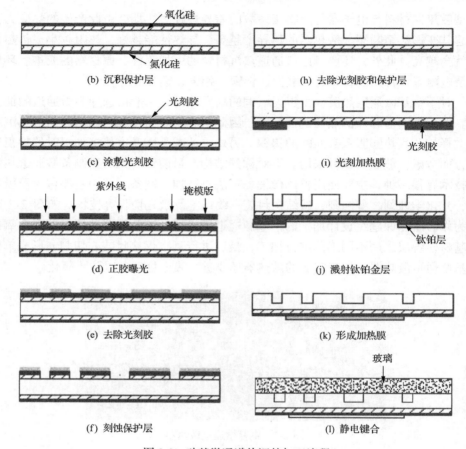

(b) 沉积保护层

(h) 去除光刻胶和保护层

(c) 涂敷光刻胶

(i) 光刻加热膜

(d) 正胶曝光

(j) 溅射钛铂金层

(e) 去除光刻胶

(k) 形成加热膜

(f) 刻蚀保护层

(l) 静电键合

图 2-8　硅基微通道热沉的加工流程

图 2-9　部分硅基微结构的扫描电镜图及硅基微通道散热器

3. 微通道热沉的前处理和封装

实验测试前，需要对硅基微结构散热器进行电路连接和喷漆处理。首先，用导电银浆和 A/B 胶，将散热器加热膜的引脚和 PCB 板连接。为了便于实验件的封装，PCB 板将引线引出封装件，再通过电线与电源连接形成回路用于薄膜电阻的加热。由于铂薄膜电阻的发射率较低，为了提高红外热像仪的测量精度，可在散热器封装前给铂薄膜电阻的表面喷涂一薄层发射率约为 0.97 的黑漆。

封装件采用低导热性的有机玻璃，由底座和盖板组成。底座上设有流体进出口温度和压力的测试孔及流体进出散热器的连接孔。微通道热沉的进出口与底座的连接孔对齐，中间采用带孔硅胶垫片密封。盖板中心位置设置了红外热像仪的拍摄窗口，以获取加薄膜电阻表面的温度分布。盖板和底座通过螺丝和螺母对实验件进行固定和封装，如图 2-10 所示。

图 2-10　微通道热沉的封装

2.2.3　实验误差分析

实验研究的不确定度分析至关重要，其关系到数据的准确性和有效性。实验误差主要包含三个方面：系统误差、过失误差和偶然误差。系统误差即恒定误差，是由测量仪器本身缺陷、使用不当或某些外界条件引起的；过失误差即疏忽误差，是由实验人员粗心大意所致；偶然误差即随机误差，是去除系统误差和过失误差后依然存在且不可避免的误差，主要体现在测量结果分散，但随着实验次数的增加其服从统计规律。因此，在实验时应尽量避免系统误差和过失误差，而偶然误差是不可避免的，实验结果应该只包含偶然误差。一般实验过程中产生的误差主要有环境误差、测量方法误差、人员误差和测量仪器误差四个方面。

(1)环境误差是指环境温度变化和室内空气对流对实验温度测量的影响。在进行实验件设计时，在通道换热区域外侧设置了绝热通道并选取了低导热性的玻璃作为封装片；实验件封装时也采用低导热性的有机玻璃；管路连接时，采取保温棉进行隔热。这部分的热量损耗相对于电源加热和微通道对流换热的影响很小，因此环境影响可忽略不计。

(2)测量方法误差是指数据处理方法所引起的误差。实验中尽量采用传热学中比较权威的方法对数据进行处理，以减小数据处理方法造成的影响。

(3)人员误差主要是指读数误差，包括电压和电流等的读数误差。由于人为读数误差不可避免，只能尽量减小，故采用多次读数然后取平均值的方法以减少人员读数对实验的影响。

(4)测量仪器误差主要是由仪器精度所引起的误差。

因此，在避免了环境、测量和人员误差后，实验的不确定性主要由实验仪器误差引起。根据误差传递理论，按照所用仪表情况，估算在极端条件下的最大可能误差。实验结果分为直接测量量和间接测量量，直接测量量如电压、电流、进出口温度和压降等，其不确定度可由所对应测量仪器的测量误差和精度直接得出；而对于间接测量量，不确定度由误差传递计算得到。假设间接测量量 $f(x)$ 为 n 个独立变量 $x_1, x_2, \cdots, x_n$ 的函数，则间接测量量 $f(x)$ 的不确定度可表示为[30]

$$\frac{\Delta f(x)}{f(x)} = \left[\frac{1}{f(x)} \left(\frac{\partial f(x)}{\partial x_1} \Delta x_1 \right)^2 + \frac{1}{f(x)} \left(\frac{\partial f(x)}{\partial x_2} \Delta x_2 \right)^2 + \cdots + \frac{1}{f(x)} \left(\frac{\partial f(x)}{\partial x_n} \Delta x_n \right)^2 \right]^{1/2} \quad (2\text{-}50)$$

2.3　强化传热性能的评价方法

对于微结构强化对流换热性能评价的参数一般分为直接量和间接量。直接量是由实验或数值计算直接获得的量，如温度和压降；间接量是由直接量进行计算得到的量，如对流换热系数 h、Nu、f、P_p、强化换热因子 η、R_{th}、场协同、熵产及热能传输效率等。

2.3.1　强化传热因子

对于单相对流换热性能评价的基本参数：

$$h = \frac{\Phi}{A_{ch} \eta_o \left(T_w - T_f \right)} \quad (2\text{-}51)$$

流体沿流动方向 Nu_x 的计算公式为

$$Nu_x = \frac{h_x D_h}{\lambda_f} \quad (2\text{-}52)$$

$$h_x = \frac{\Phi_x}{A_{\text{conv}}\left[T_{\text{w}}(x) - T_{\text{f}}(x)\right]}$$

$$T_{\text{w}}(x) = \frac{1}{y}\int_y T_{\text{w}}(x,y,0) \cdot \mathrm{d}y \tag{2-53}$$

$$T_{\text{f}}(x) = \frac{\displaystyle\int_{A_{\text{c}}} \rho u(x,y,z) c_{\text{p}} T_{\text{f}}(x,y,z) \cdot \mathrm{d}A_{\text{c}}}{\displaystyle\int_{A_{\text{c}}} \rho u(x,y,z) c_{\text{p}} \cdot \mathrm{d}A_{\text{c}}} \tag{2-54}$$

式中，A_{c} 为通道的横截面积，m^2；x、y、z 为坐标，下标 x 为沿流动方向的距离，m。

流体沿流动方向的摩擦阻力系数的计算公式为

$$f_x = \frac{(p_{\text{in}} - p_x)D_{\text{h}}}{2x\rho u_{\text{av}}^2} = f(Re, x^+) \tag{2-55}$$

$$x^+ = \frac{x}{D_{\text{h}} Re} \tag{2-56}$$

$$p_x = \frac{1}{yz}\int_y \int_z p(x,y,z) \cdot \mathrm{d}y\mathrm{d}z \tag{2-57}$$

强化传热因子表示在相同泵功下，换热效果与流动阻力所消耗动力成本的比值，当 $\eta > 1$ 时，表明强化换热效果更明显，反之表明强化换热时带来的流阻增大更突出。

$$\eta = \left(\frac{Nu}{Nu_0}\right)\bigg/\left(\frac{f}{f_0}\right)^{1/3} \tag{2-58}$$

式中，下标 0 为参考研究对象对应的参数。

2.3.2　场协同原理

1. 流动的场协同关系

三维稳态、不可压缩、无体积力作用下的动量方程表示如下：

$$\rho_{\text{f}} u_j \frac{\partial u_i}{\partial x_j} = -\frac{\partial p}{\partial x_i} + \frac{\partial}{\partial x_j}\left(\mu_{\text{f}} \frac{\partial u_i}{\partial x_j}\right) \tag{2-59}$$

式中，下标 i、j 为方向标量。

然后，对式(2-59)沿整个通道的流动区域 Ω 进行积分可得

$$\iiint_\Omega \rho_f u_j \frac{\partial u_i}{\partial x_j}\mathrm{d}V = \iiint_\Omega -\frac{\partial p}{\partial x_i}\mathrm{d}V + \iiint_\Omega \frac{\partial}{\partial x_j}\left(\mu_f \frac{\partial u_i}{\partial x_j}\right)\mathrm{d}V \tag{2-60}$$

式中，对式(2-60)右边第二项应用 Gauss 定理，得

$$\iiint_\Omega \frac{\partial}{\partial x_j}\left(\mu_f \frac{\partial u_i}{\partial x_j}\right)\mathrm{d}V = \iint_\Gamma \mu_f \frac{\partial u_i}{\partial x_j}\cdot \vec{n}\mathrm{d}S \tag{2-61}$$

式中，Γ 为围成通道的外表面；$\vec{n}$ 为方向矢量。引入无量纲参数[31]：

$$\bar{u}_i = \frac{u_i}{u_m}, \quad \bar{u}_j = \frac{u_j}{u_m}, \quad \nabla \bar{u}_i = \frac{\nabla u_i}{u_m/L}, \quad \mathrm{d}\bar{V} = \frac{\mathrm{d}V}{V}, \quad \mathrm{d}\bar{S} = \frac{\mathrm{d}S}{S} \tag{2-62}$$

式中，L 为通道的特征长度，$L=V/S$，将式(2-62)代入式(2-60)得

$$\frac{L}{\rho_f u_m^2}\iiint_\Omega \left(-\frac{\partial p}{\partial x_i}\right)\mathrm{d}\bar{V} = \iiint_\Omega \bar{u}_j \frac{\partial \bar{u}_i}{\partial x_j}\mathrm{d}\bar{V} - \frac{1}{\rho_f u_m L}\iint_\Gamma \mu_f \left(-\frac{\partial \bar{u}_i}{\partial x_j}\cdot \vec{n}\right)\mathrm{d}\bar{S} \tag{2-63}$$

故式(2-59)可简化为

$$\Delta \bar{p} = \iiint_\Omega \bar{U}\cdot \nabla \bar{u}_i \mathrm{d}\bar{V} + \bar{\tau}_i \tag{2-64}$$

式(2-60)左边项表示沿管轴方向的无量纲压降(即流动阻力)，右边第二项为沿管轴壁面上的无量纲剪切力，左边第一项可用无量纲数 Fs_i 表示，即

$$Fs_i = \iiint_\Omega \bar{U}\cdot \nabla \bar{u}_i \mathrm{d}\bar{V} = \iiint_\Omega |\bar{U}|\cdot |\nabla \bar{u}_i|\cdot \cos\alpha \mathrm{d}\bar{V} \tag{2-65}$$

式中，Fs_i 为流动场协同数；α 为局部流动协同角。其中，式(2-65)也可以写成：

$$\alpha = \arccos \frac{\bar{U}\cdot \nabla \bar{u}_i}{|\bar{U}|\cdot |\nabla \bar{u}_i|} \tag{2-66}$$

由式(2-65)可知，Fs_i 不仅取决于速度矢量及 x(y 或 z)方向的速度梯度大小，还取决于它们之间协同角的大小。流动场协同角 α 越大，流动场协同数 Fs_i 越小。因此式(2-64)可变为

$$\Delta \bar{p} = Fs_i + \bar{\tau}_i \tag{2-67}$$

由式(2-67)可以看出，影响流动阻力有两个因素：一个是速度矢量与速度梯

度的协同关系，另一个是边界层黏滞力的作用。因此减小流动阻力有两个方法：一个是增大流动协同角，另一个是减小流体的黏度或壁面附近的速度梯度。

2. 传热的场协同关系

同样地，三维稳态、无内热源的能量方程表达如下：

$$\rho_{\mathrm{f}} c_{\mathrm{p,f}}\left(u\frac{\partial T}{\partial x}+v\frac{\partial T}{\partial y}+w\frac{\partial T}{\partial z}\right)=\frac{\partial}{\partial x}\left(\lambda_{\mathrm{f}}\frac{\partial T}{\partial x}\right)+\frac{\partial}{\partial y}\left(\lambda_{\mathrm{f}}\frac{\partial T}{\partial y}\right)+\frac{\partial}{\partial z}\left(\lambda_{\mathrm{f}}\frac{\partial T}{\partial z}\right) \qquad (2\text{-}68)$$

式中，u、v、w 分别为在 x、y、z 方向上的速度分量。

然后，对式(2-68)沿整个通道的流动区域 Ω 进行积分，得

$$\iiint_{\Omega}\rho_{\mathrm{f}} c_{\mathrm{p,f}}(\bar{U}\cdot\nabla T_{\mathrm{f}})\mathrm{d}V=\iiint_{\Omega}\nabla\cdot(\lambda_{\mathrm{f}}\cdot\nabla T_{\mathrm{f}})\mathrm{d}V \qquad (2\text{-}69)$$

其中，对式(2-69)右边应用 Gauss 定理，得

$$\iiint_{\Omega}\rho_{\mathrm{f}} c_{\mathrm{p,f}}(\bar{U}\cdot\nabla T_{\mathrm{f}})\mathrm{d}V=\iint_{\Gamma}\bar{n}\cdot(\lambda_{\mathrm{f}}\cdot\nabla T_{\mathrm{f}})\mathrm{d}S \qquad (2\text{-}70)$$

式中，$\bar{n}$ 为计算区域边界的外法向方向。

分析式(2-70)可知，单根通道的外表面由六个表面组成：底面(底面)、进出口表面、上表面(绝热面)及左右侧面(对称面)。因此，式(2-70)可写成：

$$\begin{aligned}\iiint_{\Omega}\rho_{\mathrm{f}} c_{\mathrm{p,f}}(\bar{U}\cdot\nabla T_{\mathrm{f}})\mathrm{d}V=&\iint_{\mathrm{in}}\bar{n}\cdot(\lambda_{\mathrm{f}}\cdot\nabla T_{\mathrm{f}})\mathrm{d}S+\iint_{\mathrm{out}}\bar{n}\cdot(\lambda_{\mathrm{f}}\cdot\nabla T_{\mathrm{f}})\mathrm{d}S\\ &+\iint_{\mathrm{left}}\bar{n}\cdot(\lambda_{\mathrm{f}}\cdot\nabla T_{\mathrm{f}})\mathrm{d}S+\iint_{\mathrm{right}}\bar{n}\cdot(\lambda_{\mathrm{f}}\cdot\nabla T_{\mathrm{f}})\mathrm{d}S\\ &+\iint_{\mathrm{bottom}}\bar{n}\cdot(\lambda_{\mathrm{f}}\cdot\nabla T_{\mathrm{f}})\mathrm{d}S+\iint_{\mathrm{top}}\bar{n}\cdot(\lambda_{\mathrm{f}}\cdot\nabla T_{\mathrm{f}})\mathrm{d}S\end{aligned} \qquad (2\text{-}71)$$

式(2-71)左边为流体运动所携带的能量，右边第一项及二项为流体导热传递的能量，右边最后四项为沿着固液界面的能量传递。在绝热面及左右侧面(对称面)上，流体的温度梯度为 0；而在进出口表面上，流体由导热引起的传热量远小于由流动引起的对流换热量，故可以忽略。因此，式(2-70)可简化为

$$\iiint_{\Omega}\rho_{\mathrm{f}} c_{\mathrm{p,f}}(\bar{U}\cdot\nabla T_{\mathrm{f}})\mathrm{d}V=\iint_{\mathrm{bottom}}\bar{n}\cdot(\lambda_{\mathrm{f}}\cdot\nabla T_{\mathrm{f}})\mathrm{d}S \qquad (2\text{-}72)$$

由式(2-72)可知，流体的对流传热量等于加热底面的导热量。引入无量纲参数：

$$\bar{U}=\frac{\bar{U}}{u_{\mathrm{m}}},\quad \nabla\bar{T}=\frac{\nabla T_{\mathrm{f}}}{(T_{\mathrm{b}}-T_{\mathrm{f}})/L},\quad \mathrm{d}\bar{V}=\frac{\mathrm{d}V}{V} \qquad (2\text{-}73)$$

把式(2-73)代入式(2-72)，化简得到

$$Nu = RePr \iiint_{\Omega} \left(\bar{U} \cdot \nabla \bar{T}_{\mathrm{f}}\right) \mathrm{d}\bar{V} = RePr \iiint_{\Omega} \left|\bar{U}\right| \cdot \left|\nabla \bar{T}_{\mathrm{f}}\right| \cdot \cos\beta \mathrm{d}\bar{V} \qquad (2\text{-}74)$$

引入无量纲量 Fc，式(2-74)可变为

$$Fc = \frac{Nu}{RePr} = \iiint_{\Omega} \left(\bar{U} \cdot \nabla \bar{T}_{\mathrm{f}}\right) \mathrm{d}\bar{V} \qquad (2\text{-}75)$$

式中，Fc 为传热场协同数。

众所周知，Nu 是表征流体对流换热能力大小的度量。从式(2-74)可知，流体的换热能力不仅与 Re(流速)和 Pr(流体的种类)有关，还与速度矢量和温度梯度的协同关系有关。对给定流速的已知流体而言，即当 Re 和 Pr 一定时，协同角 β 越小，Fc 越大，速度矢量和温度梯度的协同关系越好，流体的换热能力越强。因此，传热场协同数也是度量流体对流换热能力的准则之一。

局部传热协同角 β 的表达式如下：

$$\beta = \arccos \frac{\bar{U} \cdot \nabla \bar{T}_{\mathrm{f}}}{\left|\bar{U}\right| \cdot \left|\nabla \bar{T}_{\mathrm{f}}\right|} \qquad (2\text{-}76)$$

式中，α、β 为局部协同角，即局部速度矢量与局部速度梯度或局部温度梯度的协同。将其沿整个通道区域积分，得到流动总协同角及传热总协同角如下：

$$\bar{\alpha} = \frac{\iiint_{\Omega} \alpha \mathrm{d}V}{\iiint_{\Omega} \mathrm{d}V} \qquad (2\text{-}77)$$

$$\bar{\beta} = \frac{\iiint_{\Omega} \beta \mathrm{d}V}{\iiint_{\Omega} \mathrm{d}V} \qquad (2\text{-}78)$$

2.3.3　熵产原理

由能量守恒定律可知，微通道内进出口流体所携带的热量恒等于底面的加热量(忽略热损失)。但是热能与其他形式的能量(如机械能、电能或化学能等)不一样，在传递过程中不能被完全利用。在管道流体的传热过程中，例如，有部分的热能用于流体内部的黏性耗散，这会导致冷流体的温度上升，相当于在微通道内部增加了内热源；又例如，加热底面与流体的温差引起的不可逆，都会使热能的品质下降，不利于传热。

虽然热量在传递过程中的数量保持不变，但由于不可逆性的存在，会伴随着热能品质的下降。因此有必要从热力学角度分析影响热能传递的本质因素，提高能量的综合利用程度。本节将从熵产理论分析微通道内流体流动与传热过程中热能的利用程度，找出影响传热的因素，从而指导热沉的优化设计。

Bejan 认为通道内的流体是由一个个连续的流体微元组成的，并提出可用体积熵产率计算通道内每个点的熵产率[32]。体积熵产率 $\dot{S}_{gen}'''$ 由两部分不可逆性因素组成：由流体流动引起的摩擦损失 $\dot{S}_{gen,\Delta p}'''$ 及由传热不可逆引起的热损失 $\dot{S}_{gen,\Delta T}'''$ 组成，其表达式如下：

$$\dot{S}_{gen}''' = \dot{S}_{gen,\Delta p}''' + \dot{S}_{gen,\Delta T}''' \tag{2-79}$$

$$\dot{S}_{gen,\Delta T}''' = \frac{\lambda_f}{T_f^2}\left[\left(\frac{\partial T_f}{\partial x}\right)^2 + \left(\frac{\partial T_f}{\partial y}\right)^2 + \left(\frac{\partial T_f}{\partial z}\right)^2\right] \tag{2-80}$$

$$\dot{S}_{gen,\Delta p}''' = \frac{\mu_f}{T_f}\left\{2\left[\left(\frac{\partial u}{\partial x}\right)^2 + \left(\frac{\partial v}{\partial y}\right)^2 + \left(\frac{\partial w}{\partial z}\right)^2\right] + \left(\frac{\partial u}{\partial y} + \frac{\partial v}{\partial x}\right)^2 + \left(\frac{\partial u}{\partial z} + \frac{\partial w}{\partial x}\right)^2 + \left(\frac{\partial v}{\partial z} + \frac{\partial w}{\partial y}\right)^2\right\} \tag{2-81}$$

分析上述式子可知，体积熵产率与速度梯度和温度梯度有关。但是在某些情况下，特别是实验时，不容易获取每个点的速度和温度梯度。因此，熵产率可以用其他更容易测量的数据来代替。

对于凹穴及内肋组合的微通道而言，其通道截面是不断变化的。可取该通道内的任意微小控制体，根据热力学第二定律，建立变截面微通道的熵产模型，如图 2-11 所示。

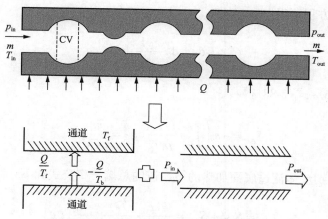

图 2-11   变截面微通道的熵产模型

　　在变截面微通道内任取一个微元控制体 CV，流体流过加热底面时微通道所产生的熵产率可分为两个过程：①流体与热沉加热底面热量交换所引起的熵产率；②流体流过绝热管道产生的摩擦损失而引起的熵产率。由热力学第二定律，过程①中由液固界面热量传递而引起的熵产率可由下式计算：

$$\dot{S}_{\Delta T} = \frac{\Phi}{T_{\rm f}} - \frac{\Phi}{T_{\rm w}} = \frac{\Phi(T_{\rm w} - T_{\rm f})}{T_{\rm f} T_{\rm w}} \tag{2-82}$$

$$\Phi = q_{\rm w} A_{\rm flim} \tag{2-83}$$

　　过程②中由绝热流动引起的熵产率包括两个部分：流动不可逆引起的熵产和质量流量通过控制体而引起的熵产。因此，由热力学第一定律和第二定律可得绝热管道内流体流动的熵产率公式为

$$\frac{{\rm d}E_{\rm CV}}{{\rm d}\tau} = \dot{m}\left({\rm d}h + \frac{1}{2}{\rm d}u^2 + g{\rm d}z\right) \tag{2-84}$$

$$\frac{{\rm d}S}{{\rm d}\tau} = \dot{m}{\rm d}s + {\rm d}\dot{S}_{\Delta p} \tag{2-85}$$

式中，s 为流体的比熵，$kJ/(kg \cdot K)$；h 为流体的比焓，kJ/kg。

　　忽略动能和热能的变化，并考虑不可压缩流体的稳定流动情况，式(2-84)和式(2-85)可简化为

$${\rm d}h = 0 \tag{2-86}$$

$${\rm d}\dot{S}_{\Delta p} = -\dot{m}{\rm d}s \tag{2-87}$$

　　由 Gibbs 方程可得

$$T_{\rm f}{\rm d}s = {\rm d}h - \frac{1}{\rho_{\rm f}}{\rm d}p \tag{2-88}$$

　　由式(2-86)~式(2-88)得

$$\dot{S}_{\Delta p} = -\dot{m}\left(\int_{p_{\rm in}}^{p_{\rm out}} \frac{1}{\rho_{\rm f} T_{\rm f}}{\rm d}p\right) = \frac{\dot{m}}{\rho T_{\rm f}}\Delta p \tag{2-89}$$

　　因此，得到流体流过底面加热的微通道的总熵产率公式如下：

$$\dot{S}_{\rm gen} = \dot{S}_{\Delta T} + \dot{S}_{\Delta p} = \frac{\Phi(T_{\rm w} - T_{\rm f})}{T_{\rm f} T_{\rm w}} + \frac{\dot{m}}{\rho_{\rm f} T_{\rm f}}\Delta p \tag{2-90}$$

为了评价流体流经变截面微通道所引起的总熵产率,可引入熵产增大数 $N_{s,a}$,其表示如下[33]:

$$N_{s,a} = \dot{S}_{gen} / \dot{S}_{gen,0} \tag{2-91}$$

式中,$\dot{S}_{gen,0}$ 为参考通道的总熵产率,本书选矩形微通道作为参考通道。若 $N_{s,a}<1$,说明变截面微通道所引起的不可逆损失小于矩形微通道的。

2.3.4　热能传输效率

㶲也是评价能量品质的另一个重要参数,因此可从㶲角度分析通道内部热能的利用程度。Liu 等[34]从㶲的基本表达式推导出通道在传热过程中的热能传输效率(transport efficiency of thermal energy) η_t,其表达式如下:

$$\eta_t = \frac{\varPhi - \varPhi_d}{\varPhi} = 1 - \frac{\varPhi_d}{\varPhi} \tag{2-92}$$

式中,$\varPhi_d$ 为不可逆热损失的大小,W。

从式(2-92)可知,不可逆热损失 $\varPhi_d$ 越小,其热能传输效率 η_t 越大。

Liu 等[28]利用热力学第一定律和第二定律及㶲表达式推导出不可逆热损失 $\varPhi_d$ 的表达式,推导过程如下。

㶲的微分表达式为

$$\frac{De}{Dt} = \frac{Dh}{Dt} - T_0 \frac{Ds}{Dt} \tag{2-93}$$

式中,e、h、s 及 T_0 分别为流体㶲、焓、熵及环境温度,其量纲分别为 J/kg、J/kg、J/(kg·K) 及 K。

对于无内热源的非稳态对流传热过程,其焓及熵的表达式为

$$\rho_f \frac{Dh}{Dt} = -\nabla \cdot \vec{q} + \varPhi' \tag{2-94}$$

$$\rho_f \frac{Ds}{Dt} = -\nabla \cdot \left(\frac{\vec{q}}{T_f} \right) + \frac{\lambda_f (\nabla T_f)^2}{T_f^2} + \frac{\varPhi'}{T_f} \tag{2-95}$$

式中,$\varPhi'$ 为黏性耗散热,W。

把式(2-94)中的 Dh/Dt 和式(2-95)中的 Ds/Dt 代入式(2-93),并化简得

$$\rho_f \frac{De}{Dt} = -\nabla \cdot \vec{q} - \frac{\lambda_f (\nabla T_f)^2}{T_f} + \varPhi' \tag{2-96}$$

沿整个流体区域对 $\lambda_f(\nabla T_f)^2/T_f$ 进行积分即得到不可逆热损失 Φ_d，其表达式为

$$\Phi_d = \iiint_\Omega \frac{\lambda_f(\nabla T_f)^2}{T_f} \mathrm{d}V \tag{2-97}$$

分析式(2-97)可知，$\lambda_f(\nabla T_f)^2/T_f$ 可以反映由热损失引起的无用热能。虽然温度梯度 ∇T_f 的值有正有负，但 $(\nabla T_f)^2$ 或 $|\nabla T_f|$ 的值均为正，也称为温度梯度净值。所以，降低温度梯度的净值或提高流体的平均温度都可以减少无用热能的损失。

从熵产原理及热能传输效率可知，在相同雷诺数时，均可通过降低流体温度梯度净值 $|\nabla T_f|$ 或增加流体平均温度 T_f 来减少不可逆损失并提高热能的利用程度。从能量守恒可知，若在恒热流密度及已知雷诺数的情况下，流体的平均温度是已知的。因此，为了减少热损失，可以减小流体温度梯度的净值。

2.4 本 章 小 结

本章主要讨论了微结构对流动换热性能影响的研究方法。其中数值模拟方法包括数学模型的建立、计算方法和结构的优化等；实验研究方法包括流场可视化测试、单相对流换热实验及实验误差分析等；本章最后介绍了微结构强化对流换热性能的评价方法，包括采用强化传热因子、场协同原理、熵产原理及热能传输效率等方法。

参 考 文 献

[1] Rosa P, Karayiannis T G, Collins M W. Single-phase heat transfer in microchannels: The importance of scaling effects[J]. Applied Thermal Engineering, 2009, 29(17): 3447-3468.

[2] Xu J, Song Y, Wei Z, et al. Numerical simulations of interrupted and conventional microchannel heat sinks[J]. International Journal of Heat & Mass Transfer, 2008, 51(25-26):5906-5917.

[3] Kandlikar S G. Heat Transfer & Fluid Flow in Minichannels & Microchannels[M], Netherlands: Elsevier, 2006.

[4] Phillips R J. Forced-convection, liquid-cooled, microchannel heat sinks[D]. Cambridge: Massachusetts Institute of Technology, 1987.

[5] Morini G L. Scaling effects for liquid flows in microchannels[J]. Heat Transfer Energy, 2006, 27:64-73.

[6] Wu J M, Zhao J Y, Tseng K J. Parametric study on the performance of double-layered microchannels heat sink [J]. Energy Conversion and Management, 2014, 80:550-560.

[7] Nguyen C T, Dsgranges F, Roy G, et al. Temperature and particle-size dependent viscosity data for water-based nanofluids-hysteresis phenomenon[J]. International Journal of Heat and Fluid Flow, 2007, 28(6): 1492-1506.

[8] Das S K, Putra N, Thiesen P, et al. Temperature dependence of thermal conductivity enhancement for nanofluids[J]. Journal of Heat Transfer, 2003, 125(4): 567-574.

[9] Fedorov A G, Viskanta R. Three-dimensional conjugate heat transfer in the microchannel heat sink for electronic packaging [J]. International Journal of Heat and Mass Transfer, 2000, 43:399-415.

[10] Maranzana G, Perry I, Maillet D. Mini-and micro-channels: Influence of axial conduction in the walls[J]. International Journal of Heat and Mass Transfer, 2004, 47(17): 3993-4004.

[11] Morini G L. Scaling effects for liquid flows in microchannels [J]. Heat Transfer Engineering, 2006, 27(4): 64-73.

[12] Liu Y, Cui J, Jiang Y X, et al. A numerical study on heat transfer performance of microchannels with different surface microstructures [J]. Applied Thermal Engineering, 2011, 31(5): 921-931.

[13] Moghari R M, Akbarinia A, Shariat M, et al. Two phase mixed convection Al_2O_3-water nanofluid flow in an annulus[J]. International Journal of Multiphase Flow, 2011,37:585-595.

[14] Mital M. Semi-analytical investigation of electronics cooling using developing nanofluid flow in rect-angular microchannels [J]. Applied Thermal Engineering, 2013, 52(2): 321-327.

[15] Shah R K, London A L. Laminar Flow Forced Convection in Ducts [M]. New York: Academic Press, 1978.

[16] Phillips R J. Microchannel heat sinks//Advances in Thermal Modeling of Electronic Components and Systems[M]. NewYork: Hemisphere Publishing Corporation, 1990, Chapter 3.

[17] Loosen P. Cooling and Packaging of High-power Diode Lasers[J]. High-Power Diode Lasers. Berlin Germany, 2000: 289-301.

[18] Ryu J H, Choi D H, Kim S J. Three-dimensional numerical optimization of a manifold microchannel heat sink [J]. Heat Transfer, 2003, 46: 1553-1562.

[19] 玄光男. 传算法与工程优化[M]. 北京: 高等教育出版社，1988.

[20] Samad A, Lee K D, Kim K Y. Multi-objective optimization of a dimpled channel for heat transfer augmentation. Heat Mass Transfer [J], 2008,45: 207-217.

[21] Santiago J G, Wreeley S T, Meinhart C D, et al. A particle image velocimetry system for microfluidics[J]. Experiments in Fluids, 1998, 25(4): 316-319.

[22] Meinhart C D, Wereley S T, Santiago J G. PIV measurements of a microchannel flow[J]. Experiments in Fluids, 1999, 27(5): 414-419.

[23] Meinhart C D, Wereley S T, Santiago J G. A PIV algorithm for estimating time-averaged velocity fields[J]. Journal of Fluids Engineering, 2000, 122(2): 285-289.

[24] Ahmad T, Hassan I. Experimental analysis of microchannel entrance length characteristics using microparticle image velocimetry[J]. Journal of Fluids Engineering, 2010, 132(4): 041102.

[25] Hao P F, Yao Z H, He F, et al. Experimental investigation of water flow in smooth and rough silicon microchannels[J]. Journal of Micromechanics and Microengineering, 2006, 16(7): 1397.

[26] Renfer A, Tiwarl M K, Brunschwiler T, et al. Experimental investigation into vortex structure and pressure drop across microcavities in 3D integrated electronics[J]. Experiments in Fluids, 2011, 51(3):731-741.

[27] 于东. 基于 Micro-PIV 方法的微槽群热沉内流动与传热的可视化实验和理论研究[D]. 北京: 中国科学院大学, 2014.

[28] Lorenz H, Despont M, Fahrni N, et al. SU-8: A low-cost negative resist for MEMS[J]. Journal of Micromechanics and Microengineering, 1997, 7(3): 121-124.

[29] 阮驰, 孙传东, 白永林, 等. 水流场 PIV 测试系统示踪粒子特性研究[J]. 实验流体力学, 2006, 02(2): 72-77.

[30] Holman J P, Gajda W J. Experimental Methods for Engineers[M]. New York: McGraw-Hill, 2001.

[31] Chen Q, Wang M, Guo Z Y. Field synergy principle for energy conservation analysis and application [J]. Advances in Mechanical Engineering, 2010: 129313.

[32] Bejan A. Entropy Generation Minimization [M]. New York: Wiley-Interscience Publication, 1996.

[33] Bejan A. Entropy Generation Through Heat and Fluid Flow [M]. New York: Wiley-Interscience Publication, 1982.

[34] Liu W, Jia H, Liu Z C, et al. The approach of minimum heat consumption and its applications in convective heat transfer optimization [J]. International Journal of Heat and Mass Transfer, 2013, 57(1): 389-396.

第3章 微结构对流动特性的影响

正确了解微结构通道内部流体的流动和传热特性是设计高效、紧凑及传热性能优良的微通道散热器的关键，而通过实验观测并分析流体的流动特性是研究和设计微通道热沉的重要基础之一。本章通过 Micro-PIV 技术进行流场可视化实验，深入分析复杂微结构对流动特性的影响，为复杂微结构散热器的设计提供参考。

3.1 Micro-PIV 图像及数据处理

如图 3-1 所示，PIV 的图像及数据处理通常有以下方法与过程。下面以流体

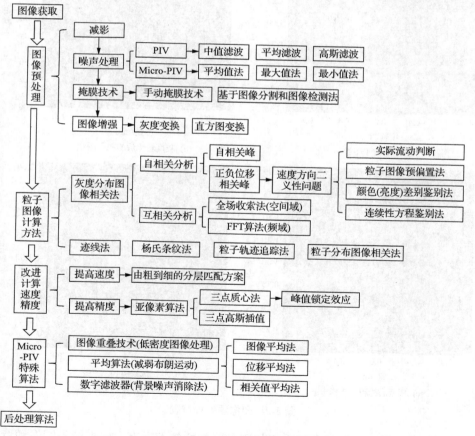

图 3-1 PIV 的图像处理流程

绕流圆形针肋流场测量为例，对 Micro-PIV 图像预处理、图像算法及图像后处理进行具体描述。

3.1.1　Micro-PIV 图像预处理

图 3-2 给出了预处理的相关过程，由图 3-2(a)可以看出，原始粒子图像中下方有一个亮度较大的背景区域，而且测量层外的粒子灰度值远高于背景图像，这两个噪声来源都将对图像处理造成误差。同时，因为 Micro-PIV 测得的粒子图像为彩色图像，而通常无法对彩色图像进行处理。因此，要对粒子图像进行彩色图像变灰度图像的转化，如图 3-2(b)所示。

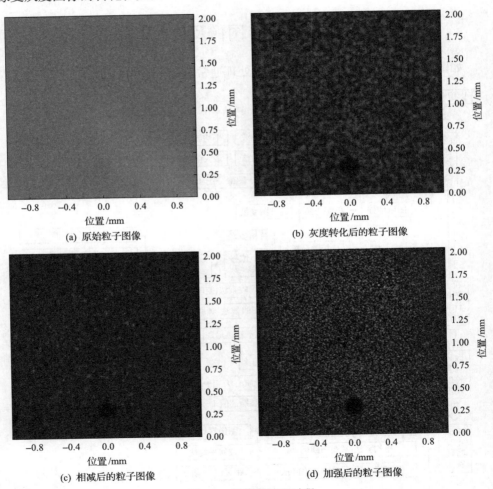

(a) 原始粒子图像　　　　　　　　　　　(b) 灰度转化后的粒子图像

(c) 相减后的粒子图像　　　　　　　　　　(d) 加强后的粒子图像

图 3-2　图像预处理过程

为了降低系统本身存在的噪声和测量层外的粒子噪声，先把粒子图像和背景图像作减法处理，所得图像如图 3-2(c)所示，相减后的图像使得亮度较大的背景区域消失，整幅图像的灰度分布比较均匀。而测量层外的粒子灰度较低，可以通过设定阈值将所有像素的灰度值与该值相减来实现降噪功能。经过对比，当阈值为 20 时，能够得到背景噪声低且不失真的粒子图像。

经过上述处理，背景噪声降低，但粒子图像因两次滤波灰度值降低，为了使粒子易于识别和分析，可对粒子图像的灰度进行增强，经过加强后的粒子图像如图 3-2(d)所示，粒子更加清晰可辨，大小适中，分布均匀。

3.1.2　Micro-PIV 数据处理

PIV 图像处理技术包括杨氏条纹法、自相关技术及互相关技术等[1]。杨氏条纹法常用于 PIV 发展早期，现已被淘汰；自相关技术是指在同一底片或 CCD 芯片中连续曝光两次，这种图像处理过程容易使方向模糊，处理过程复杂，也逐渐被淘汰；目前使用最多的是互相关技术，其原理是在两帧连续拍摄的粒子图像中，通过已知的时间间隔及两幅图像中相应判读窗口的相互关系，获得瞬时的平面速度。

在基本的互相关算法中，首先要将两帧粒子图像划分为若干个小窗口，即为判读域（通常判读域大小选择 $16 \times 16\text{pixels}$、$32 \times 32\text{pixels}$、$64 \times 64\text{pixels}$），使连续两帧粒子图像相同位置窗口的图像数据相互关联。用 $f(k, l)$、$g(k, l)$ 分别表示第一帧和第二帧图中像素位置为 (k, l) 处的像素亮度（$0 \sim 255$），通过判读域的划分和搜索，采用相关函数的归一化函数值作为标准判定图像的相似度，具体定义如下[2]：

$$R(m,n) = \frac{\sum\sum f(k,l)g(k+m,l+n)}{\sqrt{\sum\sum f^2(k,l)\sum\sum g^2(k+m,l+n)}} \tag{3-1}$$

式中，k、l 分别为判读域的横、纵坐标；m、n 分别为两个判读域的横、纵坐标差。通过上述互相关函数的匹配准则可以找到 $R(m, n)$ 最大的位置，并由此计算粒子的位移，再除以拍摄两帧图像的时间间隔即可得到速度矢量。这种算法简便，精确度高，可测速度动态范围大。但是计算量可达到 $O(N^4)$ 次，计算强度太大，效率较低。

为了提高计算速度，基于快速傅里叶变换（fast fourier transform，FFT）的互相关算法成为了目前最常用的计算相关系数的方法。利用 FFT 将两幅图像的粒子分布 $f(k, l)$、$g(k, l)$ 转换为 $F(u, v)$ 和 $G(u, v)$，将变换后的数据进行相关得到 $r(m, n)$，再进行 FFT 逆变换（FFT^{-1}）即可得到 $R(m, n)$，相关值平面确定后，找到最大峰值的位置就可以确定粒子位移 dx 和 dy，将位移与两幅图像的时间间隔 Δt 相除就得到了 $v_x(i, j)$ 和 $v_y(i, j)$。基于 FFT 的互相关算法的计算量降低至 $O(N \log_2^N)$ 次。

在 Micro-PIV 中，由于示踪粒子的粒径小、密度低，因此受布朗运动的影响将导致图像信噪，图像处理结果不准确。由于低雷诺数下的微流动属于层流和定常流，Wereley 等[3]和 Wereley 等[4]提出了图像处理的系综相关算法，通过将多个互相关算法的结果进行平均计算，有效地减弱了粒子布朗运动的影响，从而使得处理结果更加准确。这种算法在寻找相关峰值前对每个判读域的相关函数进行系综平均，然后再用平均相关函数对速度场进行计算。如式 (3-2) 和式 (3-3) 所示，$\Phi_k(m, n)$ 和 $\Phi_{ens}(m, n)$ 分别代表某个判读域中的基于一对图像互相关算法的相关函数公式和对 N 次互相关算法结果取平均值后得到的系综相关函数公式，具体公式如下：

$$\Phi_k(m,n) = \sum_{j=1}^{q}\sum_{i=1}^{p} f_k(i,j)g_k(i+m, j+n) \tag{3-2}$$

$$\Phi_{ens}(m,n) = \frac{1}{N}\sum_{k=1}^{N}\Phi_k(m,n) \tag{3-3}$$

如图 3-3 所示，利用基本互相关算法和系综相关算法处理得到的计算结果差别较大，经过系综相关算法计算得出的粒子匹配峰值突出，随机噪声降低，粒子

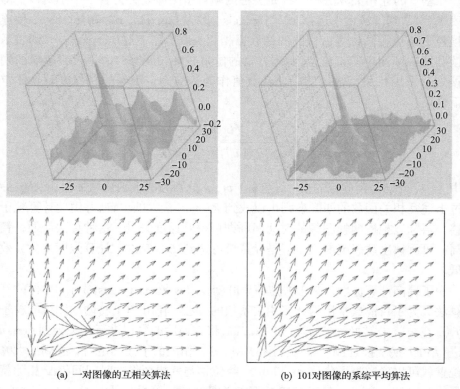

(a) 一对图像的互相关算法   (b) 101对图像的系综平均算法

图 3-3　不同相关算法的处理结果及相关性对比

信噪比更高，从计算结果可以看出，101 对图像系综平均算法得到的速度矢量更加准确。

在实际的计算过程中，通常需要根据示踪粒子的大小、浓度选择合适的判读域大小。若判读域过小，包含粒子过少，则位置相关度较差，从而引起较大的计算误差；若判读域过大，流体的旋转、拉伸变形等将影响计算精度，同时会增加计算量并降低空间分辨率。通常每个判读域内包含 5～6 个粒子较好[5]。

图 3-4 为根据不同的判读域划分得到的速度矢量场。①矢量密度过稀，不能有效地捕捉流场的局部信息(图 3-4(a))；②矢量密度适中，可较好地反映流场的局部信息(图 3-4(b))；③矢量密度很密，虽然能较好地反映流场信息，但增加了运算量，降低了运算效率(图 3-4(c))。因此，本书选用每个判读域的像素为 64×64pixels，图片像素为 2048×2048pixels，图像被划分为 32×32 个判读域即 1024 个矢量。当图像像素相同时，判读域的尺寸越小，窗口覆盖率越大，矢量分布越密集，计算量越大。算法设置为系综平均互相关算法，采用多通道方式进行迭代计算。

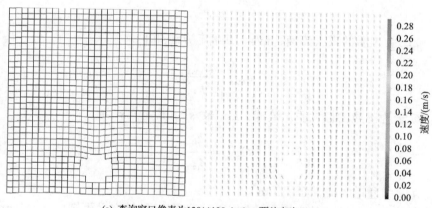

(a) 查询窗口像素为128×128pixels，覆盖率为50%

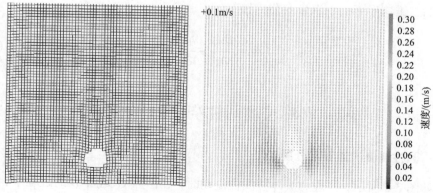

(b) 查询窗口像素为64×64pixels，覆盖率为50%

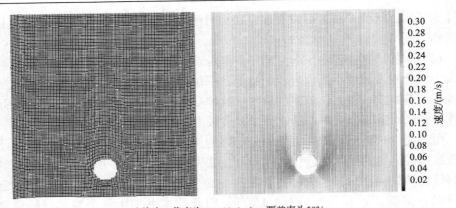

(c) 查询窗口像素为32×32pixels，覆盖率为50%

图 3-4　不同的判读域划分得到的速度矢量场

相关参数定义，雷诺数 Re 的定义式为

$$Re = \frac{\rho_f u_{\max} D}{\mu_f} \tag{3-4}$$

式中，$u_{\max}$ 为工质的最大流速，m/s。其确定方法如下：

$$u_{\max} = \frac{G_{\max}}{\rho_f} \tag{3-5}$$

式中，$G_{\max}$ 为工质的最大质量流速，kg/(m²·s)。其定义式为

$$G_{\max} = \frac{\dot{m}}{A_{\min}} \tag{3-6}$$

式中，$A_{\min}$ 为通道的最窄面积，m²。

常用涡量来描述流体微团的旋转运动，根据涡量的定义可知，在 Micro-PIV 测得的二维速度平面中涡量的公式如下：

$$\Omega_z = \frac{\partial u_y}{\partial x} - \frac{\partial u_x}{\partial y} \tag{3-7}$$

3.2　宏观尺度圆柱绕流的基本特性

3.2.1　圆柱绕流的边界层分离

如图 3-5 所示，当理想流体绕圆柱流动时，在由点 O 到点 M 的过程中，流速

增加，压强降低；在点 M 处，流速达到最大，压强达到最低；在由点 M 到点 E 的过程中，流速减小，压降升高。因为不存在能量损失，因而前驻点 O 和后驻点 E 处的压强相等，OM 段和 ME 段的压强呈对称性分布，流体对圆柱的作用力为零。

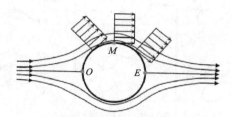

图 3-5　理想流体的圆柱绕流

如图 3-6 所示，当黏性流体绕圆柱流动时，在圆柱表面形成边界层。OM 段为加速降压区，存在顺压梯度，边界层厚度较小且增加缓慢；ME 段为减速降压区，存在逆压梯度，边界层内流体质点的动能同时受到壁面黏滞力和逆压梯度的减速作用，使其不能到达点 E。因此，边界层靠近壁面的流体质点在点 M 下游的点 S 处流速降为零，该点处动能为零，且压强低于下游，故流体由下游的高压强处流向上游的低压强处，形成回流。边界层内的流体质点从上游不断流来，在点 S 处不断堆积，流体质点被回流挤向主流，使得边界层脱离固体壁面，这种现象即为边界层分离，点 S 即为边界层与固体边界的分离点。边界层形成后，尾部形成旋涡，圆柱尾迹的流动状态有较大变化，流动现象更加丰富。

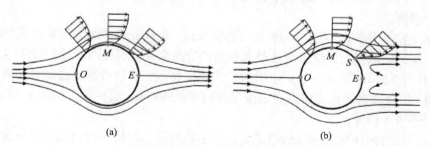

(a)　　　　　　　　　　　　　　　　　(b)

图 3-6　黏性流体的圆柱绕流

3.2.2　宏观圆柱绕流的流动状态

在宏观尺度中，圆柱绕流的关键因素是雷诺数 Re，它的流动取决于流体密度 ρ、来流速度 u、圆柱直径 D 及动力黏度系数 μ，即 $Re=\rho uD/\mu$。随着 Re 的增加，黏性不可压缩流体绕圆柱流动会呈现出不同的流场特征。根据 Zdravkovich[6]推荐，根据 Re 的大小，流体的流动变化可划分为 9 种状态，如图 3-7 所示。

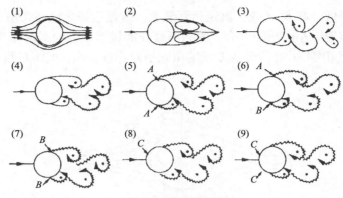

图 3-7　单圆柱绕流

（1）当 $Re \leqslant 5$ 时，流动属于定常流动，因此与理想流体绕圆柱流动的现象基本相同。

（2）当 $5 < Re < 40$ 时，圆柱两侧流体发生边界层分离，圆柱体尾部形成一对固定且对称的滞留尾涡，且随着雷诺数的增加，对称涡结构被拉长，尾部的非对称性逐渐明显。

（3）当 $40 < Re < 200$ 时，流动不再属于定常流动，圆柱尾部的旋涡出现稳定的、非对称性的、旋转方向相反的、周期性交替脱落的层流涡街，即卡门涡街。

（4）当 $200 < Re < 300$ 时，涡街内部出现层流向紊流的过渡，且随 Re 的增加，发生转捩的区域逐渐向圆柱靠拢，附面层仍为层流。

（5）当 $300 < Re < 3 \times 10^5$ 时，为亚临界区，尾迹区域完全成为紊流涡街，附面层仍为层流。

（6）当 $3 \times 10^5 < Re < 3.5 \times 10^5$ 时，为临界区，圆柱一侧的边界层从层流分离为紊流，而另一侧仍为层流，层流分离和紊流分离交替出现在圆柱的左右两侧。

（7）当 $3.5 \times 10^5 < Re < 1.5 \times 10^6$ 时，为超临界区，圆柱两侧的边界层分离后均为紊流，但分离前的边界层未完成由层流向紊流的转捩，且转捩区域随 Re 的增加逐渐向停滞点延伸。

（8）当 $1.5 \times 10^6 < Re < 4.5 \times 10^6$ 时，为上转捩区，圆柱一侧的边界层完全变成紊流，而另一侧为层流。

（9）当 $Re > 4.5 \times 10^6$ 时，为转捩临界区，圆柱两侧的边界层均为紊流。

3.3　单个微针肋通道内流体的流动特性

3.3.1　微针肋结构

微针肋结构可以增强通道内部流体的扰动，从而达到强化对流换热的目的，目前在芯片冷却等领域得到了广泛的应用。为了研究不同形状的针肋对流动及传热的影响，利用 PDMS 加工系统分别加工了圆形、水滴形等不同结构的微针肋阵列实验件[7]。图 3-8 为圆形微针肋实验件的 CAD 平面模型图，流动采用垂直进出的管道连接方式，为了减缓流体进入时的射流冲击和出口段的扰动影响，分别在敷设针肋的入口段和出口段加入了一段直通道，微针肋位于通道正中心，实验件入口及出口段的长度 L_1=8mm、宽度 W=2mm，通道总长度 L=16mm。实验研究中的水滴形微针肋是由圆形微针肋和不同尾角的等腰三角形针肋相切得到，微针肋的形状及结构参数如图 3-9 和表 3-1 所示。

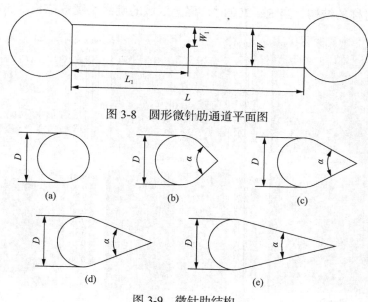

图 3-8　圆形微针肋通道平面图

图 3-9　微针肋结构

表 3-1　微针肋尺寸参数

编号	形状	简写	D/mm	H/mm	α/(°)
(a)	圆形	C-MPF	0.2	0.1	180
(b)	尾角 90°水滴形	DR90-MPF	0.2	0.1	90
(c)	尾角 60°水滴形	DR60-MPF	0.2	0.1	60
(d)	尾角 45°水滴形	DR45-MPF	0.2	0.1	45
(e)	尾角 30°水滴形	DR30-MPF	0.2	0.1	30

3.3.2　圆形微针肋的绕流特性

对不同雷诺数下流体横掠直径为 200μm 圆形微针肋的绕流流动特性进行测

量。计算时选择互相关算法，实现了对尾流区较为准确的测量，经 Davis 软件和 Tecplot 处理得到的速度分布云图和流线图如图 3-10 所示。当 $Re<60$ 时，流体绕圆形微针肋流动，黏性力起到了关键作用，流体流动分布均匀，流线呈对称结构；当 $60<Re<80$ 时，随着雷诺数的增加，微针肋的尾迹区逐渐出现了对称的旋涡，与宏观尺度的圆柱绕流现象相比，有一定的滞后；当 $80<Re<200$ 时，随着雷诺数的增加，微针肋尾迹区始终保持对称的旋涡，但旋涡被逐渐拉长，旋涡长度从 $100\mu m$ 增加到 $300\mu m$；当 $200<Re<400$ 时，随着雷诺数的增加，微针肋尾迹区旋涡出现了一些变化，两个涡结构的中心位置出现了小幅摆动，左右两个涡不再呈现完全对称的结构，当 $Re=250$ 时，尾迹区域的旋涡长度被拉长至 $500\mu m$。

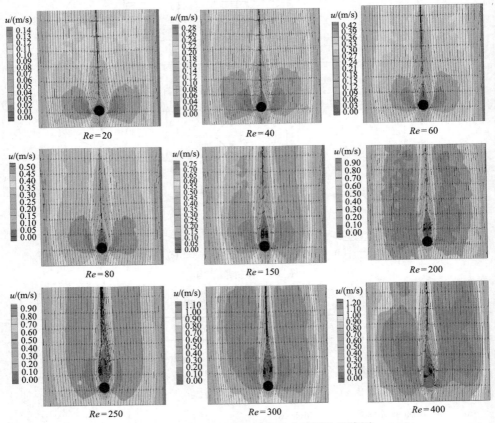

图 3-10　圆形微针肋的速度分布云图和流线图

图 3-11 为圆形微针肋尾部区域中轴线 $y=0$ 上沿流动方向的速度分布，由图可知：①当 $Re=40$ 时，流速始终为正值，没有出现旋涡；流速从近壁面处由 0 开始缓慢增加，当 $x/d>0.36$ 时，流速迅速增加；②当 $Re=80$ 时，在 $x/d<0.51$ 的范围内流速为负值，因此为回流区，回流区长度 $l_R/d=0.51$；当 $x/d=0.27$ 时，回流速

度达到最大，最大回流速度$|u_{max}/u_0|$=0.013，最大回流速度处与旋涡中心相对应；③当 Re=200 时，回流区长度为 l_R/d=1.5，当 x/d=0.75 时，回流速度达到最大，最大回流速度$|u_{max}/u_0|$=0.09；④当 Re=300 时，回流区长度为 l_R/d=1.77，当 x/d=0.8 时，回流速度达到最大，最大回流速度$|u_{max}/u_0|$=0.09。

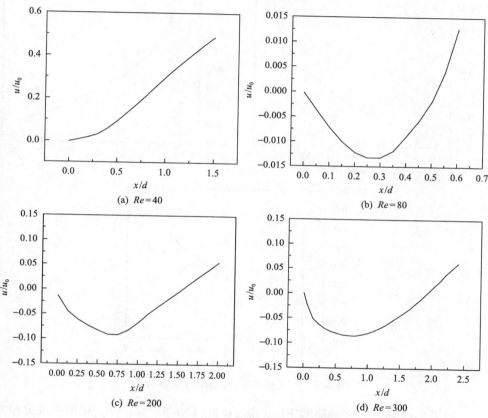

图 3-11　不同 Re 下沿轴线 y=0 上中流动方向的速度分布

　　综上可知，随着雷诺数的增加，圆形微针肋尾部逐渐出现旋涡，且旋涡随着雷诺数 Re 的增大被逐渐拉长。

　　边界层分离现象与涡的形成及脱落分析：由以上分析可知，在低雷诺数时，圆形微针肋尾部的边界层不会发生分离；而在高雷诺数时，尾部会出现边界层分离，形成旋涡。取 Re=200 时各点的速度分布如图 3-12 所示，在加速降压区，$\mathrm{d}p/\mathrm{d}x$<0，$(\partial^2 u/\partial Y^2)_{Y=0}$<0，壁面速度分布曲线的曲率中心位于曲线左侧，速度梯度随 Y 的增大而减小，速度分布曲线是一条前凸的光滑曲线。靠近壁面的流体质点，尽管黏滞力消耗了其能量，但它自身仍具有一定动能，同时压强降低还能转化一部分能量，所以此处的流体质点仍有足够的动能继续前进，不会发生边界层分离。在 M

点处，dp/dx=0，$(\partial^2 u/\partial Y^2)_{Y=0}$=0，说明在壁面上速度分布曲线的曲率为零，此处出现拐点，整个边界层的速度分布曲线仍是一条前凸的光滑曲线，不会发生边界层分离。

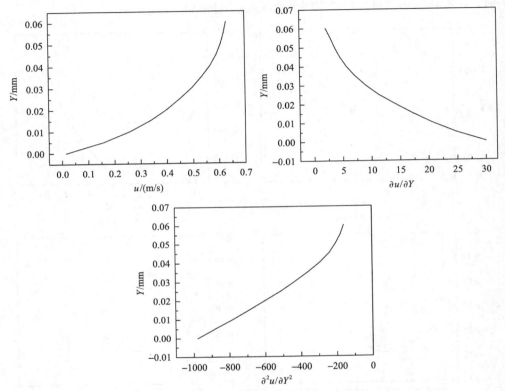

图 3-12　加速降压区边界层内的速度分布

如图 3-13 所示，在减速增压区，dp/dx>0，$(\partial^2 u/\partial Y^2)_{Y=0}$>0，壁面速度分布曲线的曲率中心位于曲线右侧，速度梯度随 Y 的增大而增大，从壁面到边界层外缘的速度分布曲线的曲率中心由曲线的右侧转到曲线的左侧，曲率为零的拐点在曲线中间的某处，拐点以下是前凹的分布曲线，拐点以上是前凸的分布曲线。在 S 点处，靠近壁面处流体质点的动能被黏滞力和逆压梯度消耗至尽，该点附近的流体动能为零，停滞不前，即为边界层的分离点。随着流动的发展，该点后有一条切向速度为零的线将尾部的边界层划分为两个部分，逆压梯度使这条线下的流体形成回流，主流使这条线上的流体继续顺流，从而形成旋涡。

由以上分析可知，黏性流体在加速降压区的流动不会出现边界层分离，只有在减速增压区的流动才有可能出现边界层分离从而形成旋涡。尤其当雷诺数增加时，主流的减速增压足够大时，边界层分离才会发生。为了进一步研究边界层

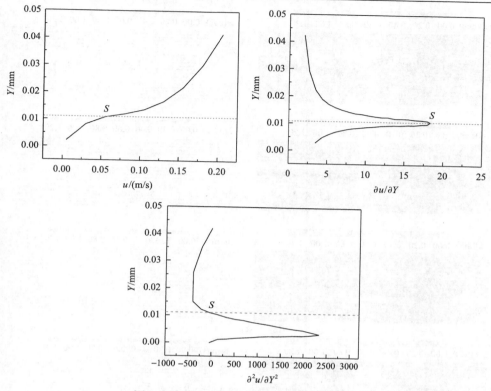

图 3-13　减速增压区边界层内的速度分布

分离及涡脱落的现象，采用基本互相关算法对不同时刻的速度场进行了计算。虽然瞬时分布图不能全面反映卡门涡街成长与脱落的过程，但是它能真实反映近尾迹区的瞬时过程。图 3-14 给出了当 $Re=300$ 时 6 个不同时刻的速度场和速度矢量

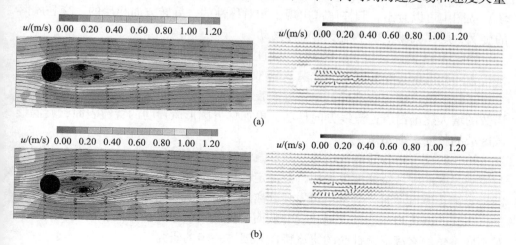

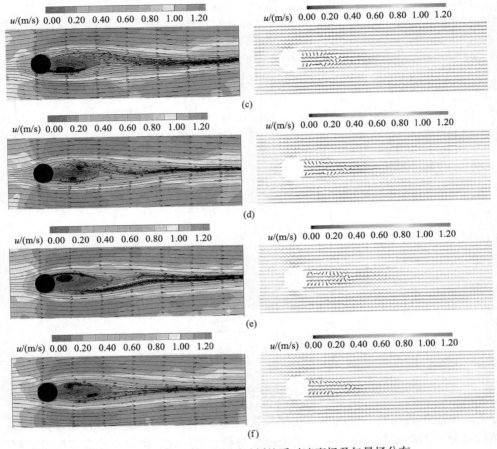

图 3-14　当 Re=300 时不同时刻的瞬时速度场及矢量场分布

场，从图中可以看出，圆柱尾部出现了非对称性的、旋转方向相反的、交替脱落的旋涡，尾部流场呈现小幅度非对称摆动。

如图 3-15 所示，当 Re=400 时，圆柱尾部始终保持不稳定的、非对称性的、旋转方向相反的、交替脱落的旋涡，尾部流场呈现的非对称摆动幅度更大。将两个雷诺数下的速度分布进行对比，可以看出从圆形微针肋尾部旋涡的位置随着雷诺数的增大逐渐沿着逆流线方向移动，更加贴近圆形微针肋的背流表面，旋涡形成区域的长度逐渐缩短。

综上所述，随着雷诺数增加，圆形微针肋的尾迹区逐渐出现了对称的旋涡，与宏观尺度的圆柱绕流现象相比，有一定的滞后。黏性流体以足够大的速度绕过圆柱等钝头体流动时，会发生边界层分离。若将其后半部分改为流线型的细长尾部，主流的减速增压会极大地减缓，从而避免或减缓边界层分离。因此，有必要对不同尾角的水滴形微针肋的绕流特性开展进一步的研究。

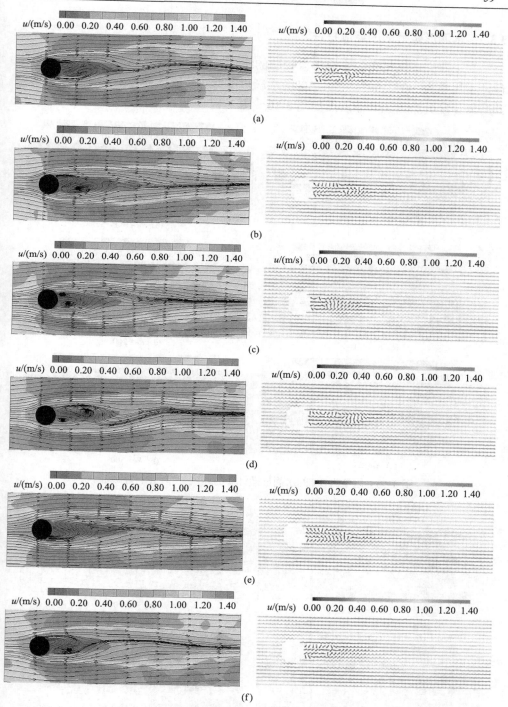

图 3-15　当 $Re=400$ 时不同时刻的瞬时速度场及矢量场分布

3.3.3　水滴形微针肋的绕流特性

　　为了研究不同尾角的水滴形微针肋的绕流流动，分别在圆形微针肋的基础上设计了尾角为 90°、60°、45°、30°的水滴形微针肋。流体横掠不同尾角水滴形微针肋的速度分布云图和流线图如图 3-16～图 3-19 所示。

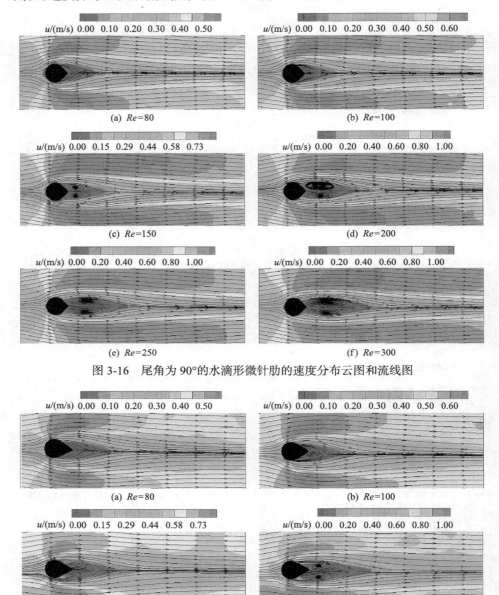

图 3-16　尾角为 90°的水滴形微针肋的速度分布云图和流线图

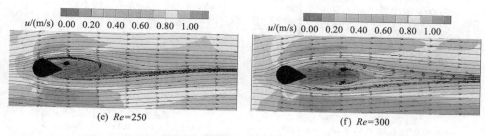

(e) Re=250　　　　　　　　　　　　　(f) Re=300

图 3-17　尾角为 60°的水滴形微针肋的速度分布云图和流线图

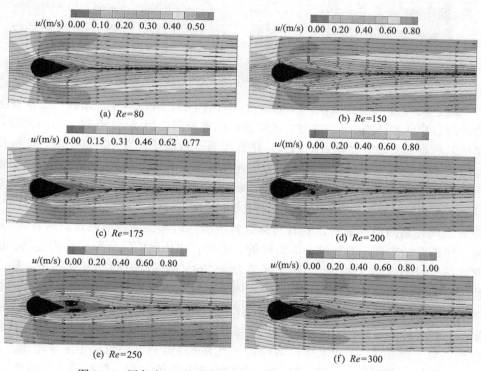

(a) Re=80　　　　　　　　　　　　　(b) Re=150

(c) Re=175　　　　　　　　　　　　　(d) Re=200

(e) Re=250　　　　　　　　　　　　　(f) Re=300

图 3-18　尾角为 45°的水滴形微针肋的速度分布云图和流线图

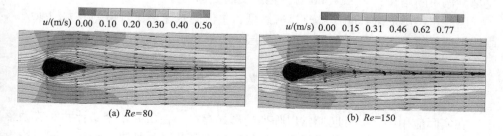

(a) Re=80　　　　　　　　　　　　　(b) Re=150

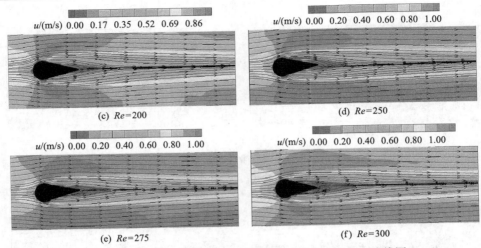

图 3-19　尾角为 30°的水滴形微针肋的速度分布云图和流线图

对于尾角为 90°的水滴形微针肋，当 $Re<80$ 时，绕流属于定常流动，未发生边界层分离现象；当 $Re=100$ 时，尾部逐渐出现旋涡；当 $Re=150$ 时，尾部出现完整的对称旋涡，随着雷诺数的增加，尾部旋涡不断增长；当 $Re=200$ 时，尾部开始出现不稳定的、非对称的、旋转方向相反的、交替脱落的旋涡，尾部流场呈现小幅非对称摆动。对于尾角为 60°的水滴形微针肋，当 $Re<80$ 时，绕流属于定常流动，未发生边界层分离现象；当 $Re=100$ 时，尾部逐渐出现旋涡；当 $Re=200$ 时，尾部出现完整的对称旋涡，随着雷诺数的增加，尾部旋涡不断增长；当 $Re=250$ 时，尾部开始出现不稳定的、非对称的、旋转方向相反的、交替脱落的旋涡，尾部流场呈现小幅非对称摆动。对于尾角为 45°的水滴形微针肋，当 $Re<150$ 时，绕流属于定常流动，未发生边界层分离现象；当 $Re=175$ 时，尾部出现对称的旋涡，随着雷诺数的增加，尾部旋涡不断增长；当 $Re=300$ 时，尾部开始出现不稳定的、非对称的、旋转方向相反的、交替脱落的旋涡，尾部流场呈现小幅非对称摆动。对于尾角为 30°的水滴形微针肋，当 $Re<250$ 时，绕流属于定常流动，未发生边界层分离现象；当 $Re=275$ 时，尾部出现对称的旋涡，随着雷诺数的增加，尾部旋涡不断增长；当 $Re=300$ 时，尾部旋涡更加明显。

因此，将圆形微针肋尾部改为流线型，主流的减速增压可得到极大的减缓，削弱了边界层分离；且尾角越小，边界层分离越滞后，旋涡出现得越晚。

3.4　流体横掠顺排微针肋阵列的流动特性

在实际应用中，微针肋通常以阵列的形式存在，在研究单个微针肋对流动影响的基础上，本节将对流体横掠顺排微针肋阵列的流动特性进行分析，同时给出微针肋形状对流动特性的影响规律。

3.4.1　顺排微针肋阵列的结构

为了研究不同形状的微针肋对流动特性的影响，利用 PDMS 加工系统分别制作了圆形、方形、菱形等结构的微针肋阵列实验件，分别简称为 C-MPFS、S-MPFS、D-MPFS[8]。图 3-20 为微针肋结构的 CAD 平面模型图。流体采用垂直进出的管道

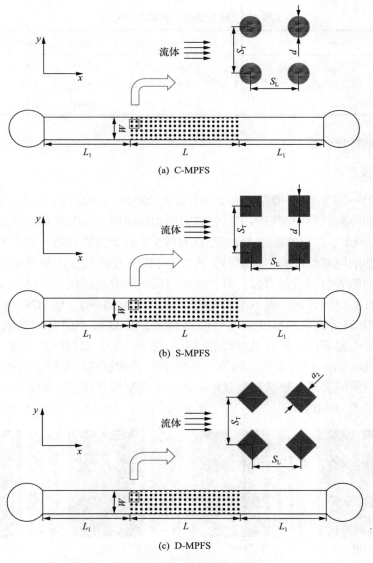

(a) C-MPFS

(b) S-MPFS

(c) D-MPFS

图 3-20　微针肋阵列平面图

连接方式，为了减缓流体进入时的射流冲击和出口段扰动的影响，分别在敷设针肋的入口段和出口段加入了一段直通道，L_1 和 W 为实验件入口段及出口段的长度和宽度，L 和 W 为敷设针肋的通道总长度和总宽度，S_T 为针肋间的纵向间距（与来流方向相垂直的针肋间距），S_L 为针肋间的横向间距（与来流方向相平行的针肋间距），D 为针肋的当量直径，H 为针肋阵列的高度，N_x、N_y 分别为沿流动方向和垂直流动方向的针肋个数，微针肋阵列内部的详细尺寸如表 3-2 所示。

表 3-2　微针肋阵列内部几何参数

类型	L/mm	W/mm	L_1/mm	D/mm	H/mm	S_T/mm	S_L/mm	N_x	N_y
C-MPFS	10	2.2	8	0.2	0.1	0.44	0.44	23	6
S-MPFS	10	2.2	8	0.2	0.1	0.44	0.44	23	6
D-MPFS	10	2.2	8	0.2	0.1	0.44	0.44	23	6

3.4.2　流动特性分析

1. 速度分布

图 3-21～图 3-23 分别为 Re=10、40、100、200 时，C-MPFS、S-MPFS、D-MPFS 三种微针肋阵列热沉中间段的速度分布云图和流线图。从图中可以看出，在低雷诺数时（Re=10），C-MPFS、S-MPFS、D-MPFS 三种微针肋通道内的流场都是稳定的，微针肋的尾部均没有出现旋涡，其中 D-MPFS 中心线上的最大速度是三者中最高的；而随着雷诺数的增加，微针肋尾部区域的流动区域处于过渡区域的不稳定状态，针肋尾部开始出现不同结构的旋涡。当 Re=40 时，C-MPFS 的针肋尾部仍然没有出现旋涡，S-MPFS 的针肋尾部逐渐出现较小的对称旋涡结构，而 D-MPFS 针肋尾部出现的旋涡形状结构更加复杂。对于 C-MPFS 和 S-MPFS，在较高雷诺数时（Re=100、200），因为 PDMS 实验件的粗糙性及粒子流动的随机性，所以每个旋涡的大小、形状和位置均不同，可观察到对称涡、单个涡、S 形涡等结构。而对于 D-MPFS，

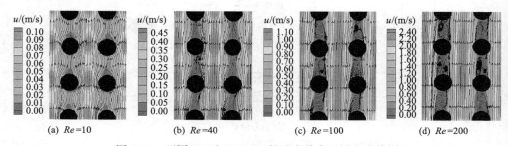

(a) Re=10　　　　(b) Re=40　　　　(c) Re=100　　　　(d) Re=200

图 3-21　不同 Re 下 C-MPFS 的速度分布云图和流线图

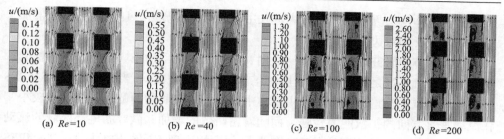

图 3-22　不同 *Re* 下 S-MPFS 的速度分布云图和流线图

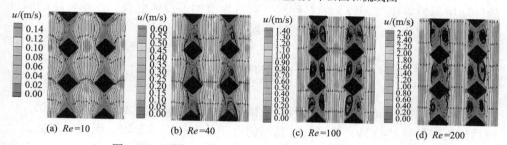

图 3-23　不同 *Re* 下 D-MPFS 的速度分布云图和流线图

随着雷诺数的增加，针肋尾部始终保持着较大的对称涡，有效地增加了流体混合和热量传递。

2. 涡量分布及边界层分离

图 3-24 为 *Re*=40 和 *Re*=100 时的涡量分布。在较小的雷诺数下，涡量分布区域的面积较小，涡量主要集中分布于沿着流向微针肋的左右两侧，主流动能较小，在流动垂直方向的扩散能力较强。当雷诺数增加时，前排针肋的涡量场覆盖后排针肋，后排针肋对前排针肋涡量场的影响增强。由于微针肋背流面沿流动方向横截面面积减小，流通横截面面积增大，流速降低，产生逆压梯度，所以流体在逆压梯度区内运动。此时，流体质点的动能很小，在减速增压区内流动的距

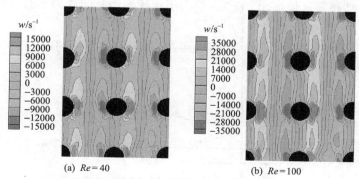

图 3-24　不同 *Re* 下 C-MPFS 微针肋尾部涡量分布

离较短，流体从边界层内分离出去进入主流，形成回流区，压力系数开始增加，形成尾涡区，导致边界层分离。

通过本节的研究发现：当 Re=10 时，C-MPFS、S-MPFS、D-MPFS 三种微针肋通道内的流场都是稳定的，微针肋的尾部均没有出现旋涡；当 Re=40 时，C-MPFS出现较小区域的流量分布，涡量主要集中分布于微针肋的两侧，主流动能较小，在流动垂直方向的扩散能力较强。而随着雷诺数的增加，微针肋尾部区域的流动区域处于过渡区域的不稳定状态，针肋尾部开始出现不同结构的旋涡，D-MPFS的针肋尾部始终保持着较大的对称涡，有效地增加了流体混合；前排针肋的涡量场覆盖后排针肋，后排针肋对前排针肋涡量场的影响增强。

3.5　流体横掠叉排水滴形微针肋阵列的流动特性

相对于顺排布局的微针肋阵列，叉排布局可能会进一步增大流体的扰动，从而达到更好的换热效果。菱形微针肋结构由于具有较大的形阻，因此压降最大；水滴形微针肋由于其形状呈流线形，形阻较小，且尾部结构有效抑制了流体在流动过程中的边界层分离，减小了压力损耗。此外，水滴形微针肋的尾角对流动有较大的影响。因此，本节对叉排水滴形微针肋通道内流体的流动特性进行分析，给出不同尾角对流体流动特性的影响。

3.5.1　叉排水滴形微针肋阵列结构

叉排水滴形微针肋阵列的局部平面图如图 3-25 所示，针肋圆形部分的直径 D 均为 200μm，高度 H=100μm，纵向间距 S_T 为 440μm，横向间距 S_L 为 400μm[7]。其中，敷设针肋的通道宽度为 1.98mm，长度为 10mm。为了减小实验误差，在针肋敷设区域的入口段和出口段分别设置一段稳流区域，使流动不受进出口的影响。流体从左侧进口进入，经过前端稳流区后进入针肋敷设区域进行流动，最后经过末端稳流区域流出。表 3-3 给出了水滴形微针肋阵列实验件内部的主要参数。

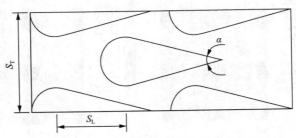

图 3-25　叉排水滴形微针肋热沉的局部平面图

表 3-3 水滴形微针肋阵列实验件内部的主要参数

编号	形状	简写	D/mm	H/mm	α/(°)	N_x	N_y
(a)	尾角 90°水滴形	DR90-MPFS	0.2	0.1	90	24	5
(b)	尾角 60°水滴形	DR60-MPFS	0.2	0.1	60	24	5
(c)	尾角 45°水滴形	DR45-MPFS	0.2	0.1	45	24	5
(d)	尾角 30°水滴形	DR30-MPFS	0.2	0.1	30	24	5

3.5.2 速度场分布

如图 3-26～图 3-29 分别为 Micro-PIV 实验测得的当 Re=80～400 时,DR90-MPFS、DR60-MPFS、DR45-MPFS、DR30-MPFS 四种微针肋热沉中间段的速度分布云图和流线图。随着 Re 的增加,速度不断增大,尾角越小,针肋布置越紧凑,流场分布速度越大。同时,DR30-MPFS 尾部始终未出现旋涡和回流,流场分布速度最大。

从图 3-26 中可以看出,当 Re=80 时,流体绕过 DR90-MPFS 边界层开始发生分离,在其尾部形成了较小的对称旋涡。随着 Re 的增加和流动的发展,旋涡区

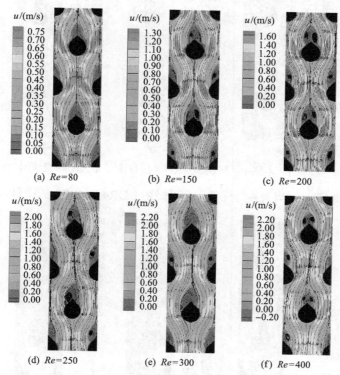

图 3-26 不同 Re 下 DR90-MPFS 的速度分布云图和流线图

域逐渐增大，且由对称结构逐渐发展为不对称结构，形成脱落。

　　如图 3-27 所示，当 Re=80 时，流体绕过 DR60-MPFS 的微针肋时，黏性力起到了关键作用，流动分布均匀，流线呈现对称结构；当 Re=200 时，微针肋尾部出现旋涡；同样，随着雷诺数的增加和流动的发展，旋涡区域逐渐增大，且由对称结构逐渐发展为不对称结构，形成脱落。

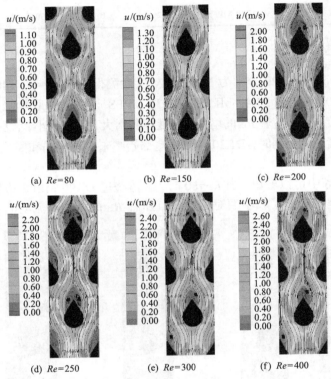

图 3-27　不同 Re 下 DR60-MPFS 的速度分布云图和流线图

　　如图 3-28 所示，当 Re<250 时，流体绕过 DR45-MPFS 的微针肋时，在针肋

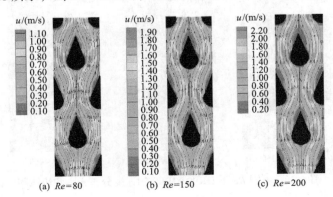

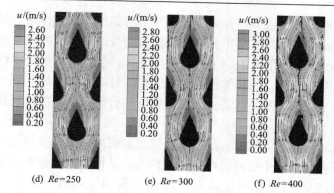

(d) *Re*=250 (e) *Re*=300 (f) *Re*=400

图 3-28 不同 *Re* 下 DR45-MPFS 的速度分布云图和流线图

两侧的流动分布均匀，流线呈现对称结构；当 *Re*=300 时，尾部流动出现不稳定的摆动，但未形成旋涡；当 *Re*=400 时，微针肋尾部出现较小的对称旋涡。

如图 3-29 所示，当 *Re*<400 时，流体绕过 DR30-MPFS 的微针肋时，在针肋两侧的流动分布均匀，流线呈现对称结构，未形成旋涡。

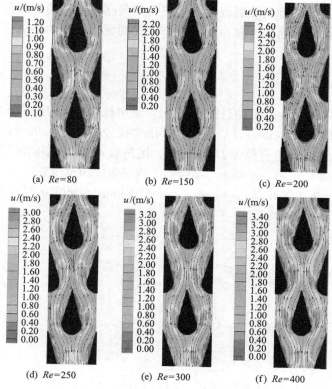

(a) *Re*=80 (b) *Re*=150 (c) *Re*=200

(d) *Re*=250 (e) *Re*=300 (f) *Re*=400

图 3-29 不同 *Re* 下 DR30-MPFS 的速度分布云图和流线图

　　由以上分析可知，边界层分离是逆压梯度与黏性力综合作用的结果，即边界层流动分离主要是因为边界层中流体的动能被黏性所耗损，并且不能克服逆压力梯度从而引起分离，一般来说，逆压力梯度越大，发生分离的可能性也就越大。与单个微针肋绕流相比，叉排结构的布置使得微针肋尾部区域受到了后排两侧针肋的影响，减速增压得到了减弱，因此边界层的分离和旋涡的形成比单个微针肋要滞后。

　　从改变微针肋的尾角入手，进而改变针肋剖面的形状，使得边界层速度剖面在壁面的曲率减小，减小边界层内的逆压梯度，从而有效地控制了旋涡的产生。微针肋尾角越小，其尾部产生边界层分离与旋涡就越滞后。当 Re=400 时，DR30-MPFS 微针肋尾部并没有发生边界层脱离，也没有形成大尺度的旋涡。可见，对于微针肋结构的优化可以起到稳定流动的作用。

3.6　流体横掠叉排翼形微针肋的流动特性

　　前面介绍了圆形、菱形、水滴形微针肋热沉内流体流动特性的实验研究结果。本节针对微针肋阵列热沉流动阻力较大的问题，以水滴形微针肋为基础，设计一种翼形微针肋热沉，并对不同排布方式的翼形微针肋热沉进行流动可视化研究。

3.6.1　翼形微针肋结构

　　翼形微针肋是由两个不同直径的圆和两个分别与圆相切的直角三角形组成[9]。针肋形状和布局如图 3-30 所示，两个圆形的半径分别为 R_1=100μm、R_2=50μm，高度为 H=200μm，当量直径为 D_h=150μm，尾角取 α=42°，横向间距 S_L=280μm，纵向间距 S_{T1}=440μm、S_{T2}=360μm。微针肋阵列热沉的模型示意图如图 3-31 所示。热沉的整体尺寸为 $L_2 \times W_2 \times h_2$=14mm×4mm×0.4mm，针肋区的尺寸为 $L \times W \times H$=

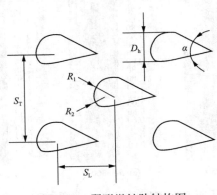

图 3-30　翼形微针肋结构图

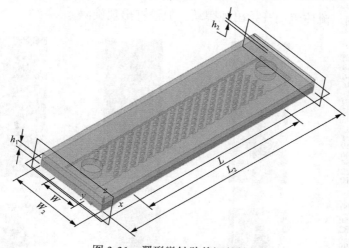

图 3-31　翼形微针肋热沉的结构

10mm×2mm×0.2mm。流体进出口垂直布置于针肋区的两侧。热沉内部的主要结构参数如表 3-4 所示，热沉名称中，S 代表叉排，W 代表翼形，P 代表针肋，数字代表针肋纵向间距 S_T。

表 3-4　翼形微针肋热沉内部的主要结构参数

编号	名称	S_T/mm	S_L/mm	α/(°)
1	SWP-0.44	0.44	0.28	42
2	SWP-0.36	0.36	0.28	42

3.6.2　流场可视化分析

含有示踪粒子的去离子水通过左侧入口进入实验件，经过前端稳流区后进入针肋区。受到针肋的阻挡，流体在针肋前端发生分离。当流体横掠翼形微针肋结构时，由于针肋的不对称形状，弯曲侧的流速必须更快，才能与流经平坦侧的流体同时到达针肋后缘。当流体在针肋后缘汇合后，便流向并冲击下一针肋，继续分离和混合的过程，直到流过最后一排针肋。

图 3-32 为当 Re=220～640 时 SWP-0.44 的速度云图和速度矢量图。由于翼形结构一侧较为弯曲，流动面积较小，另一侧相对平坦，流动面积较大，因此在流量一定的条件下，流体横掠翼形结构时，弯曲侧的流速较快，平坦侧的流速较慢。基于这一特点，在流体横掠翼形微针肋阵列的过程中，沿流动方向出现流体流速周期性变化的现象。当 Re=220 时，流体绕过微针肋流动的过程中，黏性力起到了关键作用，流速相对比较均匀。当 Re≥370 时，如图 3-32(c)～(f)所示，受针

肋外形的影响，流体流动开始出现摆动，但没有出现旋涡。

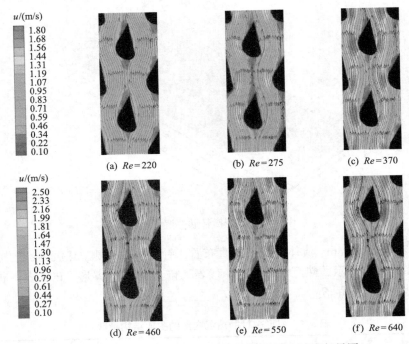

图 3-32　不同 *Re* 下 SWP-0.44 的速度云图和速度矢量图

图 3-33 为当 *Re*=220～640 时，SWP-0.36 的速度云图和速度矢量图。从图中可以观察到沿流动方向，流体的流速具有周期性变化的现象。由于针肋斜向间距 S_D 呈周期性变化，S_D 较小一侧的流动面积更小，这使流动速度更大，增大了针肋平缓侧的流速，在垂直于流动方向上的速度也出现了周期性变化的现象。如图 3-36（a）～（f）所示，随着雷诺数由 220 增大至 640，针肋尾部流体的流动仍未出现摆动，保持稳定。

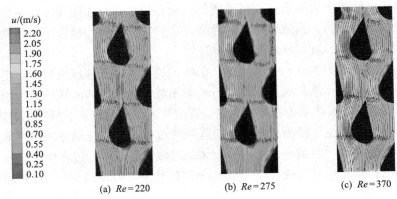

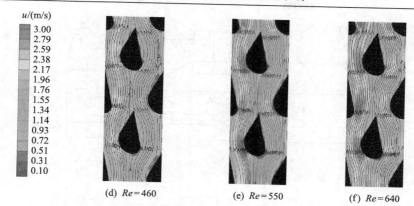

图 3-33　不同 Re 下 SWP-0.36 的速度云图和速度矢量图

从剖面结构来看，翼形微针肋的尾角结构减小了壁面曲率，有效控制了涡的生成；翼形微针肋是非对称结构，流体横掠翼形微针肋阵列时会出现周期性的流速变化，从而增强了流体的混合。

3.7　凹穴与内肋组合微通道内流体的流动特性

研究发现，在低雷诺数时，凹穴形周期性变截面微通道会出现传热恶化的情况，其主要原因是流体在凹穴处容易形成滞止流。本节通过设计凹穴与内肋组合型微通道，并对其内部流体的流动特性进行研究，解决低 Re 凹穴处流体滞止的问题。

3.7.1　凹穴与内肋组合的微通道结构

图 3-34 为凹穴与内肋组合微通道热沉的平面图：圆形凹穴与圆形内肋组合（C.C-C.R）、三角形凹穴与梯形内肋组合（Tri.C-Tra.R）及三角形凹穴与三角形内肋组合（Tri.C-Tri.C）[1]。其具体尺寸如下：热沉的入口半径 R_1 为 1.7mm，热沉的入口及出口区域长 L_1、宽 W 分别为 5mm、2.4mm 的矩形区域，热沉是由两根相

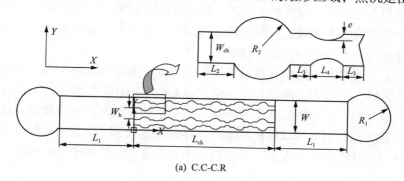

(a) C.C-C.R

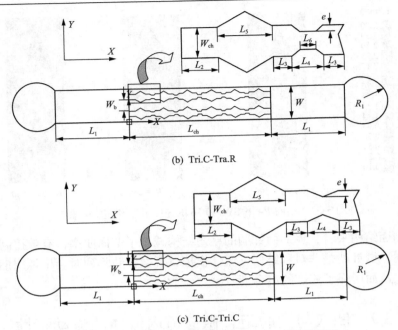

(b) Tri.C-Tra.R

(c) Tri.C-Tri.C

图 3-34　多种凹穴与内肋组合微通道热沉的平面图

同尺寸的微通道组成，两通道的间壁宽 W_b 为 0.8mm；通道长 L_{ch}、宽 W_{ch}、高 H_{ch} 分别为 9.6mm、0.4mm、0.1mm，凹穴半径 R_2 为 0.4mm，圆肋柱高 e 为 0.2mm，通道的其他尺寸 L_2、L_3、L_4、L_5、L_6 分别为 0.4536mm、0.2536mm、0.4mm、0.6721mm、0.2mm。

3.7.2　速度分布

1. 轴向速度分布

图 3-35 分别为圆形凹穴及圆形内肋组合的微通道(C.C-C.R)在不同 Re 下，沿通道流动方向中心线的速度分布的实验值和模拟值。其中，横坐标 $x/(ReD_h)$ 是指通道长度与雷诺数及当量直径的比值，表示无量纲长度；纵坐标 u_c/u_{max} 是指局部中心线速度与最大中心线速度的比值，表示无量纲速度。从图中可以看出，模拟值与实验值的误差较小，吻合性较好。

理论上，凹穴及内肋组合微通道的最大速度应该出现在内肋段，最小速度应出现在凹穴段，通道中心线的速度是由波峰和波谷相互交替组成的周期性分布。但由于入口效应，入口段的速度波峰较小。当流动稳定时，波峰和波谷就处于有规律的交替状态，因此可以根据波峰和波谷的速度趋于某一值来判断流动是否于稳定状态。从图中可以看出，雷诺数对内肋段及凹穴段的速度影响较大。随着雷诺数的增大，凹穴段的速度增大，越接近内肋段的速度。这是因为在较高的雷诺数下，流体具有足够大的动能克服近壁面流体的黏滞力，使壁面附近的流体质点能保持相对大的动能，快速地流过凹穴段。

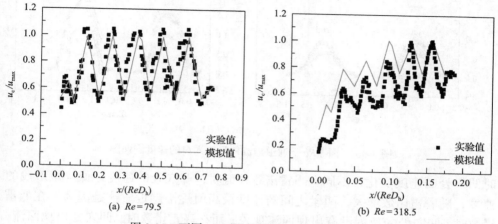

(a) $Re = 79.5$

(b) $Re = 318.5$

图 3-35　不同 Re 下沿管轴中心线的速度分布

2. 径向速度分布

图 3-36 为不同雷诺数下 C.C-C.R 及 Tri.C-Tri.R 通道沿入口不同截面的径向速度，其表示流体沿管道径向发展的流动趋势。从图中可以看出，在入口处（即 $x=0$mm 截面）速度曲线比较平缓，而且速度最高值偏向管侧壁附近。这是因为在入口处管道前端的边界层比较薄。沿着管道的轴向方向（$x=0.454$mm 及 $x=0.8$mm 截面），由于通道的流量是一定的，随着边界层的增厚，通道径向速度的剖面图不断改变，直到流动达到稳定，此时这两个边界层逐渐合并。由于流量分布的不均匀性，两根管道内部的速度分布曲线略有不同。从图中还可以看出，不同雷诺数

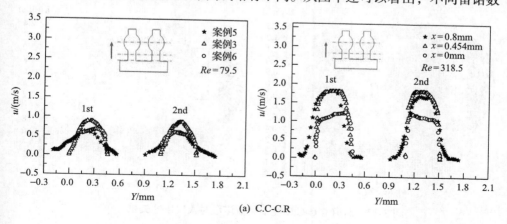

(a) C.C-C.R

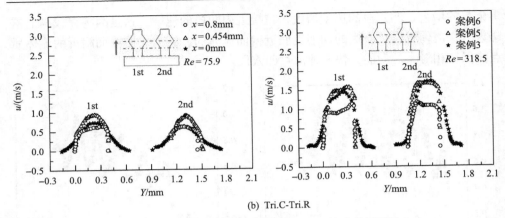

(b) Tri.C-Tri.R

图 3-36　不同 Re 下通道内流体径向入口的速度剖面图

时凹穴处的速度变化也不同。当雷诺数较低时，凹穴处的速度远低于矩形段的速度，随着雷诺数增大，两段之间的速度最高值逐渐趋近。这是因为，在低雷诺数时，凹穴处的速度没有出现回流现象；而在高雷诺数时，凹穴处出现回流，回流区的流体占据了凹穴处的面积，导致凹穴处的有效面积减小，其速度最高值与矩形段相近。

3.7.3　矢量场分析

1. 入口处矢量分析

图 3-37 和图 3-38 分别为通道 C.C-C.R 及 Tri.C-Tri.R 在不同雷诺数下，入口段的矢量分布情况。从图中可以看出，在入口处，当流体从矩形大空腔分流进入各个通道时，空腔中心的矢量分布最稀、速度最小。当进入通道内部时，流体在矩形段被加速；进入凹穴后，流通面积增大，流速减小。

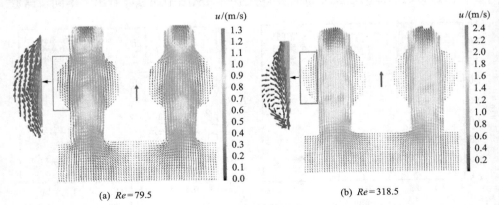

(a) $Re=79.5$　　　　　　　　　　　　　(b) $Re=318.5$

图 3-37　通道 C.C-C.R 在不同雷诺数时入口段的矢量分布

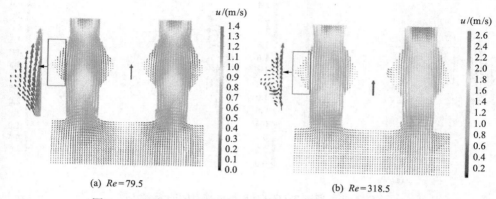

图 3-38　通道 Tri.C-Tri.R 在不同雷诺数时入口段的矢量分布

在低雷诺数时（Re=79.5），圆形凹穴及三角形凹穴内都没有出现旋涡；而在高雷诺数时（Re=318.5），凹穴处出现旋涡，理论上凹穴处的旋涡应该是对称分布的。但在实验过程中，由于 PDMS 实验件的粗糙性及粒子流动的随机性，每个旋涡的大小及位置略有不同。Schönfeld 等[10]和 Jiang 等[11]均认为通道内的二次回流能增加流体的混合和对流传热。

2. 凹穴及内肋处的矢量分析

图 3-39 及图 3-40 分别为通道 Tri.C-Tri.R 及通道 Tri.C-Tra.R 在不同雷诺数时沿流动方向的矢量分布图。从图中可以看出，当低雷诺数时，两个通道的三角形凹穴没有出现旋涡；高雷诺数时，开始出现旋涡。而在肋区，由于流通面积急剧减小，流体被加速。在相同雷诺数时，梯形内肋处的流体速度高于三角形内肋，这是因为在相同肋高及肋宽时，梯形内肋的加速区域更长，扰动更强烈。

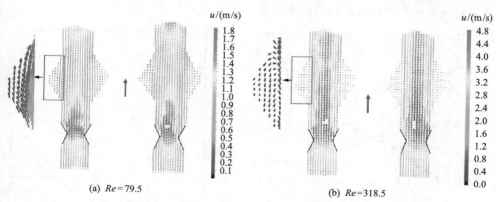

图 3-39　通道 Tri.C-Tri.R 沿流动方向的矢量分布

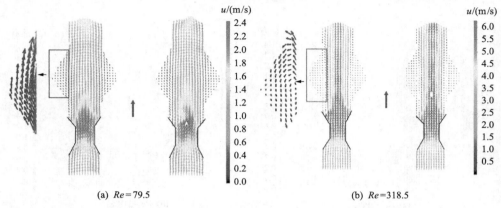

(a) Re=79.5 　　　　　　　　　　　(b) Re=318.5

图 3-40　通道 Tri.C-Tra.R 沿流动方向的矢量分布

3.7.4　旋涡形成分析

从前面的分析可知，在低雷诺数时，凹穴区不会产生旋涡；而在高雷诺数时，凹穴区才开始出现旋涡；而且不管雷诺数大小，肋区及矩形段都不会产生旋涡。从流体力学的角度分析可知，当流体从矩形段及内肋段流过凹穴段时，由于流动横截面积增大、流速减小，这将导致压强增加。因此，流体在逆压梯度区内运动，此时流体质点的动能很小，在增压区内流动的距离不能太远。它们被认为是从边界层内分离出去并进入主流，而这些质点一般都沿着与主流方向相反的方向流动，很容易在凹穴段里形成旋涡。

图 3-41 为通道 C.C-C.R 矩形段的径向速度分布。从图中可以看出，在顺压区的速度为一条向前凸的曲线，无拐点出现。图 3-42 为通道 C.C-C.R 凹穴段的径向速度分布。从图中可以看出，刚开始速度曲线的趋势是向前凹，到达拐点（P 点）后向前凸，在曲线上出现了拐点（分离点），该点切线的斜率为零。由此可见，分离只可能发生在位势流动减速的情况里。

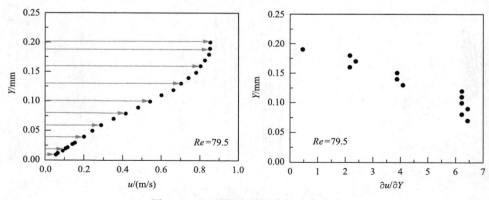

图 3-41　矩形段边界层内的速度分布

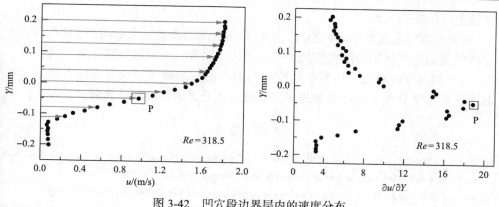

图 3-42　凹穴段边界层内的速度分布

分析图 3-41 和图 3-42 可以知道，不管雷诺数多大，矩形段及内肋段流体的流动都不会出现旋涡现象，即在顺压区内不会出现旋涡。当雷诺数较小时，在凹穴段也没有出现旋涡，而当雷诺数较大时，在通道凹穴两侧出现旋涡，形成了典型的二次回流。随着雷诺数的增大，旋涡也会变大。

综上所述，在凹穴与内肋组合的复杂结构微通道内的轴向速度呈波峰和波谷相互交替的周期性速度分布。在低雷诺数时，凹穴段没有出现旋涡，当在两个凹穴区加入内肋时，该区域内的流体具有更大的动能以带走凹穴区的滞止流体；在高雷诺数时，凹穴段容易形成旋涡，二次回流有助于提高微通道的换热性能。在顺压区(矩形段和内肋段)不会形成旋涡；流动分离只可能发生在位势流动减速的情况下，即减速增压区(凹穴段)。在较低雷诺数时，凹穴内没有出现旋涡；但在较高雷诺数时，壁面附近的流体质点有足够大的动能，能克服黏滞力不断向前流动，直至动能和逆压力梯度耗尽。

3.8　本 章 小 结

本章采用 Micro-PIV 实验测试系统对微结构通道内流体的流动特性进行了可视化研究，分析了流体横掠单个微针肋、顺排微针肋阵列、叉排水滴形微针肋阵列及叉排翼形微针肋阵列的流动特性，同时研究了凹穴与内肋组合微通道内流体的流动特性。得到以下结论。

(1)相比于圆形微针肋、方形微针肋和菱形微针肋，水滴形微针肋由于其形状呈流线形，形阻较小，针肋的尾部结构有效延迟或抑制了流体在流动过程中的边界层分离，减少了压力损耗；且尾角越小，尾部出现边界层分离与旋涡就越滞后。

(2)相对于顺排布局的微针肋阵列，叉排布局可进一步增大流体的扰动，从而达到更好的换热效果。

　　(3)当流体流过翼形微针肋时，针肋两侧流体的流动速度不同，造成在通道中流体的流动速度出现周期性变化，增强了流体混合，可以起到强化传热的效果。

　　(4)凹穴与内肋组合的复杂结构微通道内的轴向速度呈波峰和波谷相互交替的周期性速度分布，这可解决凹穴型微通道在低雷诺数时流体的滞止现象。

参 考 文 献

[1] Zhai Y L, Xia G D, Chen Z, et al. Micro-PIV study of flow and the formation of vortex in micro heat sinks with cavities and ribs[J]. International Journal of Heat and Mass Transfer, 2016, 98: 380-389.

[2] Willert C E, Gharib M. Digital particle image velocimetry[J]. Experiments in Fluids, 1991, 10(4): 181-193.

[3] Meinhart C D, Wereley S T, Santiago J G. A PIV algorithm for estimating time-averaged velocity fields[J]. Journal of Fluids Engineering, 2000, 122(2): 285-289.

[4] Wereley S T, Gui L, Meinhart C D. Flow measurement techniques for the microfrontier[J]. AIAA Journal, 2002, 40(6): 1047-1055.

[5] 段仁庆, 黎永前, 刘冲. 显微粒子图像测速计算方法[J]. 中国机械工程, 2005, 16(Z1): 96-99.

[6] Zdravkovich M M. Flow Around Circular Cylinders[M]. Oxford: Oxford University Press, 1997.

[7] 陈卓. 微针肋绕流流场测试及传热特性研究[D]. 北京: 北京工业大学, 2016.

[8] Xia G D, Chen Z, Cheng L X, et al. Micro-PIV visualization and numerical simulation of flow and heat transfer in three micro pin-fin heat sinks[J]. International Journal of Thermal Sciences, 2017, 119: 9-23.

[9] 杨宇辰. 微针肋热沉流动可视化及传热特性研究[D]. 北京: 北京工业大学, 2017.

[10] Schönfeld F, Hardt S. Simulation of helical flows in microchannels [J]. Aiche Journal, 2004, 50(4): 771-778.

[11] Jiang F, Drese K S, Hardt S. Helical flows and chaotic mixing in curved micro channels [J]. Aiche Journal, 2004, 50(9): 2297-2305.

第4章 微结构对换热性能的影响

与主动式强化换热相比，被动式换热更加稳定且易于集成在复杂的微散热系统中。同时，在给定热源布局和工质种类等的应用条件下，优化通道结构的被动式强化换热是一种非常实用有效的选择。通过优化设计通道结构，对流换热面积增大、流体混合增强，进而强化换热。本章主要介绍微结构形状及尺寸对流动换热性能的影响，分别从凹穴形微通道[1,2]、锯齿形微通道[3]、凹穴与内肋组合微通道[4]、凹穴与针肋组合微通道[5]、流体横掠微针肋阵列热沉[6-8]五个方面进行分析，探索其强化换热机理。

4.1 凹穴形微通道内流体的流动换热性能

传统微通道热沉在设计上的两个局限性限制了它的广泛应用：其一是小尺寸所产生的较大压降；其二是沿流体的流动方向热源壁面会产生较高的温差。目前，随着 MEMS 加工技术的发展，学者们开发出了各种新型结构的微通道热沉，取得了很多有意义的成果。

根据经典理论，在恒热流条件下，管内流体与壁面温差沿流动方向逐渐增大直至稳定，如图 4-1 所示。为了控制沿流动方向壁面温度的升高，作者所在课题组提出了周期性变截面微通道，以利用入口效应强化换热，控制壁面的温度升高。本节以凹穴型周期性变截面微通道为例，对其流动换热性能进行分析。

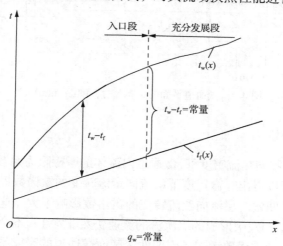

图 4-1 恒热流下流体平均温度与壁面温度的沿程变化

4.1.1　微通道结构参数

图 4-2 分别给出了矩形微通道(R)、扇形凹穴微通道(F)、三角凹穴微通道(T₁、T₂)的示意图。矩形微通道两侧肋壁厚为 0.1mm、底部肋壁厚 0.1mm、通道宽 0.15mm、通道高 0.2mm。在矩形微通道的基础上所提出的凹穴型微通道沿流动方向的周期为 0.4mm，凹穴深为 0.05mm；扇形凹穴是直径为 0.2mm 的 120°圆弧，三角凹穴沿流动方向的长度为 0.2mm，T₁突扩段长度为 0.06mm，T₂突扩段长度为 0.14mm。

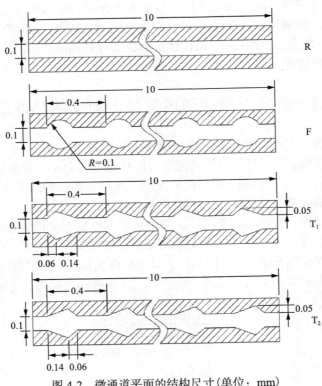

图 4-2　微通道平面的结构尺寸(单位：mm)

4.1.2　压降特性分析

图 4-3 给出了不同热流密度下，微通道内流体的摩擦阻力系数 f 随雷诺数的变化关系。从图中可以看出，微尺度下层流向紊流转变的雷诺数提前，大约发生在 1000~1100；而且凹穴对层流向紊流转变的雷诺数影响不大，这是因为主流雷诺数在 1100 左右时，凹穴中形成的二次流的流速仍然非常小，不会对雷诺数的转变造成影响。同时，随雷诺数增加，周期性变截面微通道的摩擦系数逐渐大于矩形

直通道，且随着流量的增大，二者的差距逐渐拉大。对于扇形凹穴型微通道，由于在小雷诺数条件下流体在凹穴处出现层流滞止区，这使流体产生从凹穴上"滑"过去的趋势，该作用使压降减小；另外在较大雷诺数条件下，在凹穴处产生二次流，促进了冷热流体的混合，使压降增大。对于三角凹穴型微通道，由于其由依次交替的扩张段、收缩段和平直段组成，扩张段中流体流过扩张截面时的流速降低、静压增大，而收缩段中流体流过收缩截面时的流速增高、静压减小，从而产生旋涡并不断喷射、冲刷收缩壁面，这使得进入平直段流体的边界层减薄。低流速下，流体平滑地流过三角凹穴，不产生旋涡；流速越高，三角凹穴的作用越明显，流体在扩张段与收缩段的扰动也就越剧烈。同时，凹穴的存在使边界层不断地被打断，等直径段流体总是处于发展状态，使压降增大。从图中还可以看出，扇形凹穴型微通道内流体的压降略高于扩缩比为 3 : 7 的三角凹穴型微通道，但远高于扩缩比为 7 : 3 的三角凹穴型微通道，且随雷诺数增大而差距增大。这说明周期性变截面微通道内单相流动的压降不仅与雷诺数有关，还与周期性变截面微通道的结构参数如凹穴形状、扩缩比等有关。

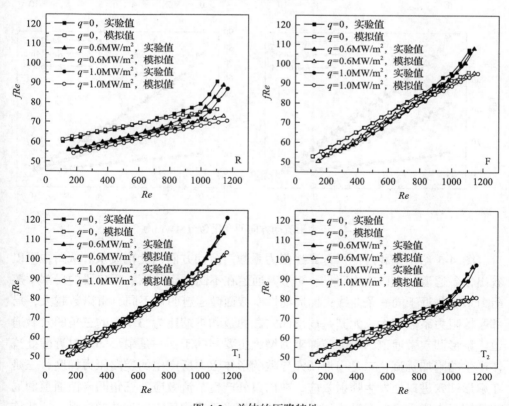

图 4-3 总体的压降特性

　　图 4-4 给出了不同流量下，微通道内流体的压力沿流动方向的变化关系。从图中可以看出，周期性变截面微通道内的流体压力沿流动方向呈锯齿形下降。这是因为周期性变截面微通道由依次交替的扩张段、收缩段和等直径段组成，在扩张段流体流过扩张截面时的流速降低、静压增大，在收缩段中流体流过收缩截面时的流速增高、静压减小，这使流速和压力总是处于规律性的扰动状态。

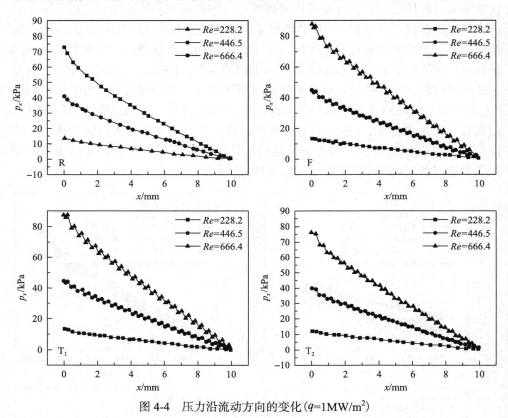

图 4-4　压力沿流动方向的变化($q=1\mathrm{MW/m^2}$)

　　图 4-5 给出了相应的局部摩擦阻力系数沿流动方向的变化关系。从图中可以看出，微通道的入口效应明显。矩形直通道在不同雷诺数下，入口段的局部摩擦阻力系数趋近于同一条曲线；而周期性变截面微通道明显不同，雷诺数越大，局部摩擦阻力系数越大，尤其是扇形凹穴微通道和扩缩比为 3∶7 的三角凹穴微通道。扇形凹穴微通道的局部摩擦阻力增大主要归结于：一是扇形凹穴对近壁处流体产生的附加扰流；二是扇形凹穴导致的形体阻力所产生的逆向压力梯度；三是在扇形凹穴进口处发生喷射效应，在出口处产生节流效应。三角凹穴微通道的局部摩擦阻力增大除前两种作用外，流体在扩张段形成反方向旋转的旋涡，这些旋

涡被流体带入收缩段时冲击收缩壁面，促使收缩表面边界层的更新加剧。此外还可以看出 $f_x Re$ 随 x^+ 增大并不是趋于一条水平线，而是近似线性下降，这是因为微通道底面是非绝热状态，而是加有 $q=1\mathrm{MW/m^2}$ 的热流密度，流体沿流动方向的温度升高，这将导致黏度系数减小。

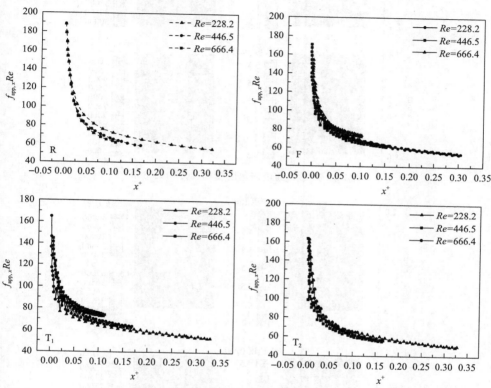

图 4-5　局部摩擦阻力系数沿流动方向的变化($q=1\mathrm{MW/m^2}$)

　　图 4-6 和图 4-7 分别给出了当 $Re=446.5$、$q=1\mathrm{MW/m^2}$ 时，$z=0.25\mathrm{mm}$ 处矩形直通道和扇形凹穴微通道内速度场和压力场的分布。从图中可以看出，矩形直通道内流体处于规则的流动状态；在扇形凹穴处产生二次流，但流速相对主流速度很小。主流在扇形凹穴的出口处形成喷射效应，在收缩段主流冲击壁面，出口处形成节流效应，打断了边界层，使等直径段处总是处于一定的边界层发展水平。在扇形凹穴扩张段，由于二次流的流速很小，流体黏度及壁面不具备流线形状，因此很容易形成层流滞止区，从而影响传热效果。等直径段出口处形成的喷射效应造成了该处压力减小，而在扇形凹穴前端一方面由于等直径段出口的喷射流体已至此，另一方面由于出口处形成的节流效应，从而造成了该处压力急剧上升。

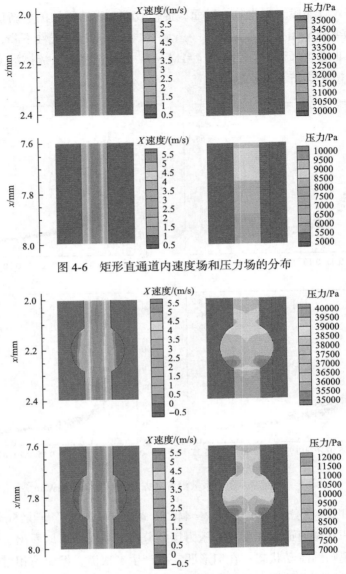

图 4-6　矩形直通道内速度场和压力场的分布

图 4-7　扇形凹穴微通道内速度场和压力场的分布

图 4-8 和图 4-9 分别给出了当 Re=446.5、q=1MW/m^2 时，z=0.25mm 处，扩缩比分别为 3：7 和 7：3 的三角凹穴微通道内流体速度场和压力场的分布。从图中可以看出，流体经过三角凹穴时撞击收缩壁面，在收缩壁面出口处形成较高压力；同时，由于扩张壁面与收缩壁面间尖角的存在，这使得流体在尖角区域积聚，此处流速较低，压力较小，从而产生反向压力梯度。同扇形凹穴微通道一样，最大压力位于收缩壁面的出口处，最小压力位于扩张壁面的进口处。同时，对于扩缩

比为 3∶7 的三角凹穴微通道，由于扩张壁面与等直径段夹角大于扩缩比为 7∶3 的
微通道，因此在收缩壁面产生了更大的压力梯度，从而产生了更强的二次流，这
将有利于加强冷热流体的混合。但是在扩张壁面与收缩壁面形成的夹角处，由于
二次流的流速很小，流体黏度及壁面不具备流线形状，故很容易形成层流滞止区，
又因为流体的导热系数远小于硅基热沉，所以不利于强化传热。

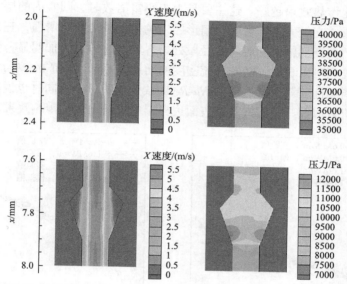

图 4-8　扩缩比为 3∶7 的三角凹穴微通道内速度场和压力场的分布

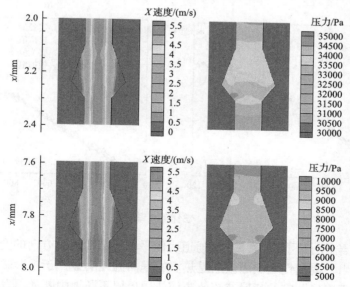

图 4-9　扩缩比为 7∶3 的三角凹穴微通道内速度场和压力场的分布

4.1.3　传热特性分析

图4-10给出了在不同热流密度下微通道内的平均努塞特数随雷诺数的变化关系。从图中可以看出，在小雷诺数时，周期性变截面微通道热沉的换热效果不如矩形直通道热沉；而在较大雷诺数时，其换热效果远强于矩形直通道，且随雷诺数的增大强化传热效果越好。这主要是由于小雷诺数时，凹穴内的层流滞止区影响了传热效果；在较大雷诺数时，扇形凹穴的喷射节流效应增强，三角凹穴收缩表面边界层的更新加剧，同时等直径段处边界层发展效应更加明显，强化传热效果显著。此外还可以看出，随着热流密度的增加，矩形直通道的 Nu-Re 曲线变化不明显，而周期性变截面微通道的 Nu-Re 曲线变化明显，这同时也说明扇形凹穴的喷射和节流效应及三角凹穴收缩表面边界层的更新强化了传热效果。

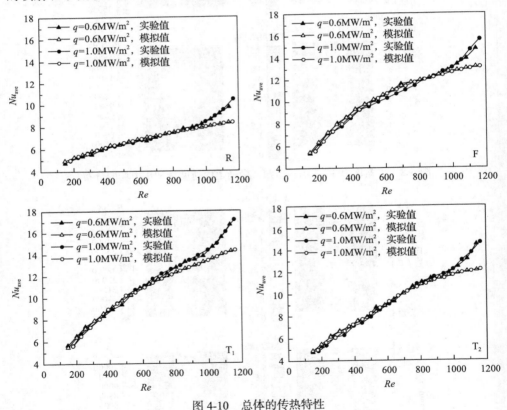

图4-10　总体的传热特性

图4-11给出了不同流量下，微通道底面平均温度沿流动方向的变化关系。从图中可以看出，周期性变截面微通道热沉的壁面温度明显低于矩形微通道热沉。这主要是由于扇形凹穴的喷射节流效应使热边界层不断地中断和再发展，三角凹

穴收缩表面边界层的更新加剧，换热得到强化；另外凹穴的存在增大了换热面积，强化了冷却效果。流体沿流动方向依次交替地收缩和扩张，在扩张段中产生强烈的旋涡，被流体带入收缩段时得到了有效的利用，且收缩段内流速的增高会使流体层流的边界层变薄，以有利于强化传热。

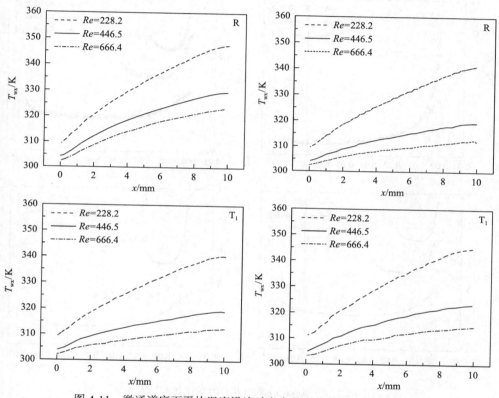

图 4-11　微通道底面平均温度沿流动方向的变化关系(q=1MW/m²)

图 4-12 给出了不同流量下，微通道内流体的局部 Nu 沿流动方向的变化关系。从图中可以看出，①对于矩形微通道的入口效应更加明显。对于周期性变截面微通道，由于凹穴打断了边界层，等直径段总是处于一定的边界层发展阶段，从而减弱了微通道的入口效应。②由于硅片的热导作用，微通道底面的最高温度不是位于出口处，而是距离出口有一定的间距，这使得局部 Nu 在微通道末端稍微上扬。③对于矩形直通道，不同雷诺数时局部 Nu 趋于同一条曲线，而对于周期性变截面微通道，不同雷诺数时的局部 Nu 相差较大。这主要是由于周期性变截面微通道内的流体总是处于一定的边界层发展阶段，不可能达到充分发展的状态。通常雷诺数越大，边界层发展段越长，入口效应越显著。④对于矩形直通道，曲线略微向下倾斜，这主要是由于沿流动方向，流体温度逐渐升高，黏度系数逐渐

减小。对于周期性变截面微通道，扩张段的努塞特数降低，收缩段升高，等直径段处于边界层的再发展阶段。其原因是在扩张段容易形成层流滞止区来阻止传热，主流冲击收缩壁面以利于传热，凹穴打断了边界层，使等截面段边界层重新发展。

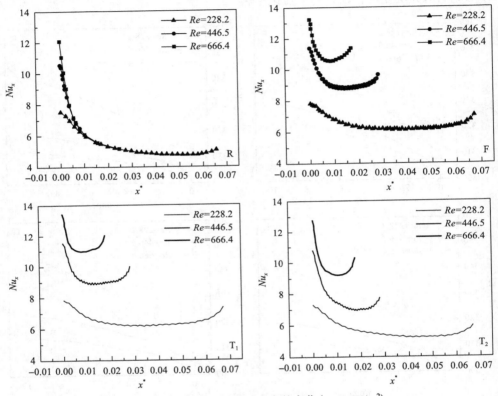

图 4-12　局部 Nu_x 沿流动方向的变化（q=1MW/m²）

图 4-13 给出了当 Re=446.5，q=1MW/m² 时，z=0.25mm 处矩形直通道和扇形凹穴微通道内的温度分布。从中可以看出，对于矩形直通道，通道中心线处的流体温度远小于壁面处，垂直于流动方向的流体温度有明显变化。对于扇形凹穴微通道，流体温度分布比较均匀，这说明冷热流体混合得比较好，扇形凹穴处形成的二次流促进了壁面热流体与通道主流冷流体的有效混合。扇形凹穴微通道内流体的最高温度位于扩张壁面处，其原因主要是由于此处壁面凹向肋壁，流体不能冲刷此处，从而影响换热。

图 4-14 给出了当 Re=446.5，q=1MW/m² 时，z=0.25mm 处，扩缩比分别为 3：7 和 7：3 的三角凹穴微通道内的温度场分布。从图中可以看出，最高温度同样位于扩张壁面处，但范围小于扇形凹穴微通道。这说明收缩壁面的凹凸情况会形成大

小不一的层流滞止区。通过比较两种三角凹穴扩张壁面的最高温度范围可知，扩张壁面与等直径段的夹角将在很大程度上影响换热效果，夹角的范围在很大程度上影响了流体冲刷壁面的能力。

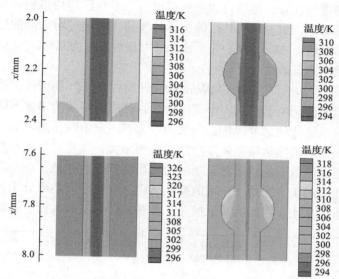

图 4-13　$Re=446.5$，$q=1\mathrm{MW/m^2}$，$z=0.25\mathrm{mm}$ 平面处矩形直通道和
扇形凹穴微通道内的温度分布

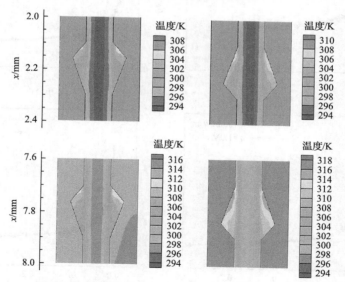

图 4-14　在 $Re=446.5$，$q=1\mathrm{MW/m^2}$ 时，$z=0.25\mathrm{mm}$，
扩缩比为 3：7 和 7：3 的三角凹穴微通道内的温度分布

4.1.4　热阻特性分析

　　总热阻可以通过两种方式进行计算，一是对导热热阻、对流换热热阻和吸热焓变热阻分别进行计算，然后再相加后得出；二是在已知加热膜表面温度和加热热流密度的情况下，由温度和热阻的关系计算得出。通过对数据的处理发现，两种方法得出的总热阻之间的差别非常小，最大相对误差为 0.1%，从而证明了理论分析和实验数据的正确性。

　　图 4-15 分别给出了当 $q=0.6MW/m^2$ 和 $q=1MW/m^2$ 时，周期性扩缩微通道热沉的泵功和热阻的变化关系。从图中可以看出，热阻随泵功的增加不断降低；当泵功较小时，热阻降低的速度较快；当泵功增大到一定值时，热阻的变化趋势趋于平缓。这是因为对流换热系数随泵功的增大而增大，这使得对流换热热阻急剧减小，由于工质吸热焓变的热阻随泵功的增大而降低，这导致了总热阻的降低；曲线在较大泵功时趋于平缓是由于对流换热热阻和吸热焓变热阻分别与对流换热系数和流体流量成反比，因此当对流换热系数和流体流量较大时，继续增大泵功并

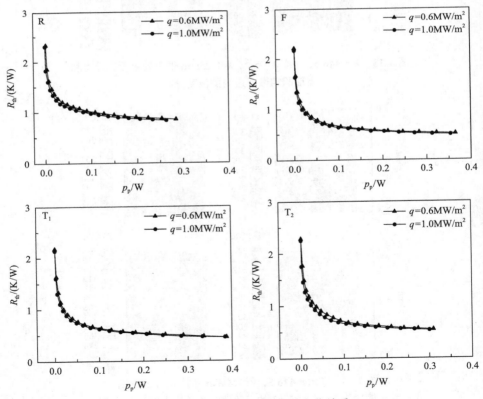

图 4-15　热沉的泵功和热阻的变化关系

不能使总热阻得到显著的减小。因此，提高热沉的换热性能并不能通过一味地增大泵功来实现，故需要进一步找出泵功的最佳值，使热沉的换热性能和经济性得到合理的匹配。此外还可以看出，周期性变截面微通道会产生更小的热阻，尤其是以扇形凹穴微通道和扩缩比为 3∶7 的三角凹穴微通道为佳，而且这两种周期性变截面微通道的热阻随泵功增大降低得更快。在一定的泵功下不同热流密度之间的总热阻并没有太大的区别，特别是扇形凹穴微通道和扩缩比为 3∶7 的三角凹穴微通道。

图 4-16 给出了当 q=0.6MW/m^2 和 q=1MW/m^2 时，周期性变截面微通道热沉的传导热阻占总热阻的比重。从图中可以看出，传导热阻占总热阻的比重随泵功的增加而不断增大；当泵功较小时，比重增大的速度较快；随泵功的增大，比重增大的速度趋于平缓。尽管在相同泵功的条件下，扇形凹穴微通道和扩缩比为 3∶7 的三角凹穴微通道将产生更小的热阻，但是传导热阻占总热阻的比重却更大。这主要是由于随泵功的增加，对流换热热阻急剧减小，而且工质吸热焓变的热阻也随泵功的增大而降低，这使得传导热阻占总热阻的比重趋于定值。对于强化传热效果较好的扇形凹穴微通道和扩缩比为 3∶7 的三角凹穴微通道，对流换热热阻的减小速度更快。

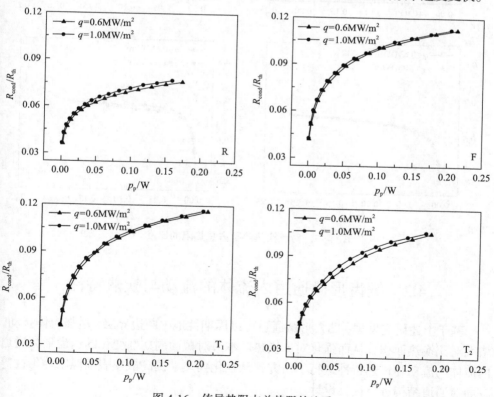

图 4-16　传导热阻占总热阻的比重

· 94 ·

复杂微结构液冷强化换热技术及应用

图 4-17 给出了当 $q=0.6\mathrm{MW/m^2}$ 和 $q=1\mathrm{MW/m^2}$ 时，周期性变截面微通道热沉的对流换热热阻占总热阻的比重。从图中可以看出，当 $p_\mathrm{p}<0.025\mathrm{W}$ 时，对流换热热阻占总热阻的比重随泵功增大而迅速升高；当 $p_\mathrm{p}>0.025\mathrm{W}$ 时，对流换热热阻占总热阻的比重趋于平缓，对于矩形直通道，其比重维持在 $0.7\sim0.8$，对于周期性变截面微通道，其比重维持在 $0.6\sim0.7$。在总热阻中，对流换热热阻占有最大比重，强化传热的总体思想就是增大对流换热系数和对流传热面积，使对流换热热阻尽量减小，以达到强化传热的目的。

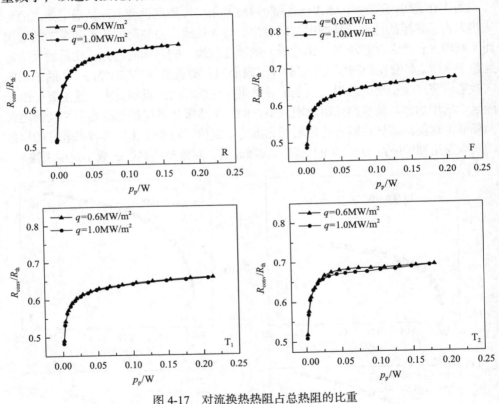

图 4-17　对流换热热阻占总热阻的比重

4.2　锯齿形微通道内流体的流动与换热特性

基于上述研究发现，凹穴形微通道可以周期性地中断边界层，增强流体扰动，增大对流换热面积，从而强化对流换热。本节对截面周期性变化的锯齿形微通道内流体的流动与传热特性进行了研究，从强化换热、提高散热表面温度均匀性等方面对通道结构进行优化设计。

4.2.1 锯齿形微通道结构

如上所述，根据流动与换热的对称性，选取最小的对称单元进行计算。如图 4-18 所示，灰色为单晶硅，绿色为冷却工质——去离子水。为了在单位面积上设计更多的通道以提高散热器的紧凑型，通道两侧设计为错位锯齿结构，其入口截面与矩形微通道相同，散热器由 30 根微通道并联组成，具体尺寸如表 4-1 所示。为了研究锯齿形微通道结构尺寸对流动和换热的影响，定义两个无量纲参数：锯齿相对长度为 α，即锯齿长度与微通道长度之比；锯齿扩展段的相对长度为 γ，即锯齿扩展段长度与锯齿相对长度之比。

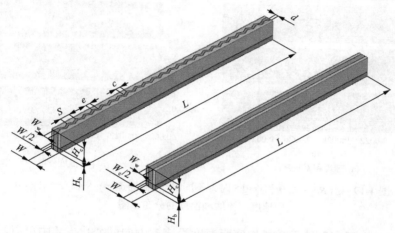

图 4-18 计算区域示意图：锯齿形微通道和相应的矩形微通道

表 4-1 单根微通道基本尺寸 (单位：mm)

变量	d	L	W	W_c	W_w	H_b	H_c
数值	0.05	5	0.2	0.1	0.1	0.1	0.3

4.2.2 锯齿的相对长度对流动换热特性的影响

图 4-19 给出了当 Re_{in} =650，γ =0.5 时，不同锯齿相对长度下微通道 x-y 平面内（z = 0.1mm）的速度、流线和温度分布云图。由图 4-19（a）可以看出，矩形微通道内流体的相对速度较大、通道中心位置处的速度最大，且流线与通道壁面平行。错位布置的锯齿形微通道增大了通道的孔隙率，降低了工质速度，增强了流体的扰动，并呈周期性变化。流体进入锯齿凹穴，速度先减小后增加，在凹穴扩展段形成喷射效应，冲刷渐缩壁面；在渐缩段形成节流效应，增强流体扰动，强化了对流换热效果。随着锯齿相对长度的减小，流体的扰动强度越剧烈，甚至在锯齿凹穴内形成旋涡。当锯齿相对长度为 0.25 时，微通道的温度升高，换热恶化。这

主要是由于此时尽管锯齿结构增大了流体的扰动，但微通道内流体速度的减小对换热起到主要作用。随着锯齿相对长度的减小，流体的扰动效果增强，并占主导作用，换热得到强化，底面温度降低，如图 4-19（b）所示。

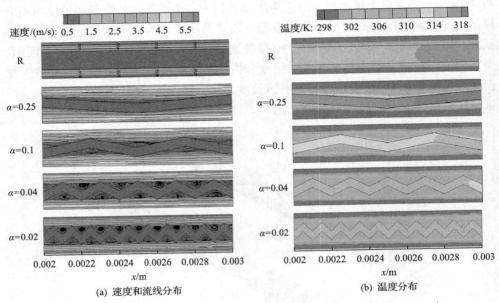

(a) 速度和流线分布　　　　　　　　　　(b) 温度分布

图 4-19　当 $Re_{in}=650$ 和 $\gamma=0.5$ 时，不同 α 下，微通道 x-y 平面（$z=0.1$mm）
内速度、流线和温度的分布云图

图 4-20 为相应条件下微通道底面温度沿流动方向的变化。从中可以看出，与矩形微通道对比，锯齿型微通道入口处的温度较高，但其减缓了沿流动方向底面

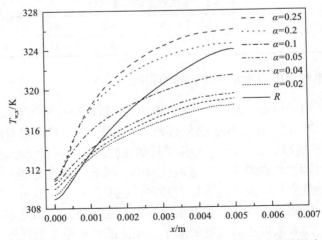

图 4-20　当 $Re_{in}=650$ 时，锯齿相对长度对底面温度的影响

温度的升高。这主要是由于锯齿形微通道和矩形微通道在入口处均处于发展阶段，且锯齿形微通道的横截面积较大，工质流速较低，入口处的换热效果较差；但沿着流动方向，锯齿形微通道周期性地发展边界层，阻碍了底面温度的升高。当锯齿相对长度大于 0.1 时，其底面温度高于矩形微通道；但随着相对长度的减小，底面温度明显降低。如上所述，当相对长度较大时，孔隙率的增大引起通道内工质速度的减小占主导作用，换热效果恶化。但随着相对长度的减小，流体扰动作用的增强占主导作用，换热效果增强；锯齿结构促使近壁面热流体与主流冷流体的混合，同时增大了对流换热面积，周期性地再发展边界层，强化了对流换热效果。当相对长度为 0.02 时，沿流动方向壁面的最大温度降低了 5.74K，最小温度升高了 0.38K。这说明锯齿形微通道可有效地抑制沿流动方向底面温度的上升，提高了底面温度分布的均匀性。

采用相对压降对锯齿形微通道的流阻特性进行衡量。图 4-21 为不同 Re_{in} 下锯齿相对长度对相对压降的影响。从图中可以看出，除了相对长度小于 0.04 和 $Re_{in} > 650$ 的个别情况，相对压降均小于 1。这主要是由于尽管锯齿形微通道增强了流体扰动，但其增大了孔隙率，减小了流体的相对速度，从而减小了流动阻力。在较大雷诺数和较小的相对长度下，扰动作用会增强，但流速的减小依旧占有较大比重，整体的压降增大较小。此外还可以看出，随着锯齿相对长度的增大，相对压降先减小后增大。这是由于当锯齿相对长度小于 0.2 时，随着相对长度的增大，孔隙率的变化较小，流速变化较小，但流体的扰动作用明显减弱，所以相对压降减小；当锯齿相对长度大于 0.2 时，随着相对长度的增大，孔隙率急剧减小，流体速度增大，因此相对压降有所增大。随雷诺数的增大，流体的扰动作用增强，相对压降增大。

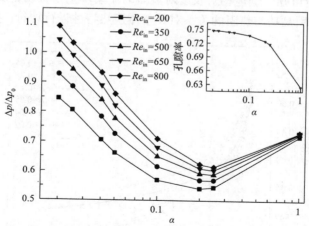

图 4-21 不同 Re_{in} 下锯齿相对长度对相对压降的影响

图 4-22 给出了不同 Re_{in} 下，锯齿相对长度对相对努塞特数的影响。由图可以看出，不同雷诺数下，相对努塞特数与锯齿相对长度的变化趋势基本类似；且随

着雷诺数的增大，相对努塞特数增大得越明显。相对努塞特数随锯齿相对长度的增大，先增大后减小，最后再略微增大。当相对长度小于 0.25 时，相对长度的减小将引起对流换热面积的增大和扰流强度的增大，从而强化了换热；当相对长度小于 0.04 时，随着相对长度的减小，尽管增大的对流换热面积和增强的扰流强化了对流换热，但凹穴的夹角更小，流体不容易被主流带走，恶化了换热。当相对长度大于 0.25 时，相对长度的减小将引起通道孔隙率的急剧增大，流速急剧减小，恶化了对流换热效果。

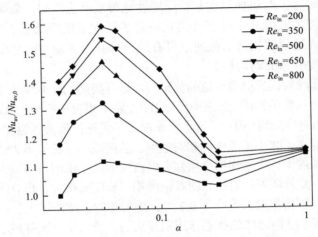

图 4-22　不同 Re_{in} 下锯齿相对长度对相对努塞特数的影响

由以上分析可知，锯齿相对长度对流体的流动产生了扰动，从而影响了对流换热效果，以下用泵功与热阻的关系对其整体换热特性进行评价。如图 4-23 所示，

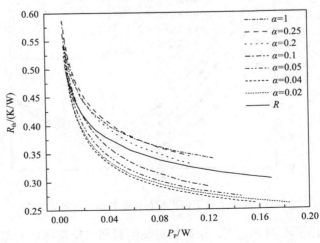

图 4-23　锯齿相对长度对热阻的影响

随着泵功的增大，热阻均减小；当锯齿相对长度小于 0.1 时，对流换热得到增强；而当其大于 0.1 时，换热恶化；当 α 为 0.04 时，整体的对流换热效果最好，此时继续减小锯齿相对长度虽增强了对流换热，但也带来了较大的流动阻力，使整体的性能下降。

4.2.3 锯齿扩展段相对长度对流动换热特性的影响

图 4-24 给出了当 $Re_{in}=650$，$\alpha=0.04$ 时，在不同扩展段相对长度下，微通道 x-y 平面内（$z=0.1\text{mm}$）速度、流线和温度的分布。由图 4-24（a）可以看出，与矩形微通道相比，锯齿形微通道的整体速度相对较低；锯齿结构使边界层周期性地发展，并明显增强了流体扰动，因此强化了对流换热效果，如图 4-24（b）所示。随着扩展相对长度的增加，凹穴处形成的旋涡沿流动方向移动，强化换热效果减弱。

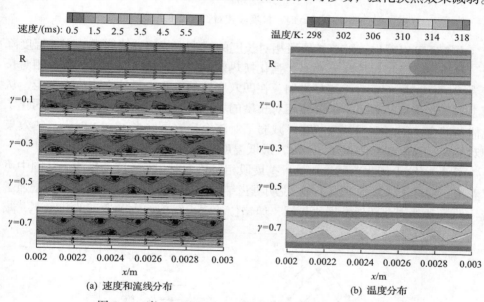

(a) 速度和流线分布　　　　　　(b) 温度分布

图 4-24　当 $Re_{in}=650$ 和 $\alpha=0.04$ 时，不同 γ 下微通道 x-y
平面内（$z=0.1\text{mm}$）内速度、流线和温度的分布云图

图 4-25 为在相应条件下，不同扩展段相对长度微通道热沉的底面温度沿流动方向的变化。与矩形微通道相比，锯齿形微通道提高了入口处的底面温度，同时减小了底面温度沿流动方向的升高速率。主要原因是在入口处，所有通道都处于发展段，但锯齿形微通道减小了通道内工质的速度，因此入口处的底面温度较高。锯齿形微通道周期性地发展边界层、增强流体扰动、增大对流换热面积，提高了沿流动方向通道内的对流换热效果，有效地减小了壁面温差。这一特点在实际应用时，可以减小被冷却器件表面所受的热应力，提高器件的可靠性。

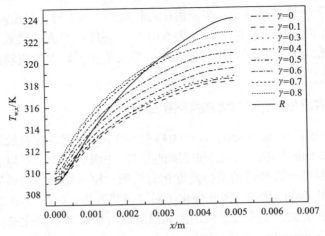

图 4-25　当 $Re_{in}=650$ 时，扩展段相对长度对底面温度的影响

　　由图还可以看出，随着扩展段相对长度的减小，节流效果增强，底面温度降低，而当扩展段相对长度为 0 时，强化换热效果减弱。这主要是当扩展段相对长度为 0 时，扩展面垂直于流动方向，在凹穴底端的工质不易被主流流体带走，从而影响了对流换热效果。扩展段相对长度的增大使旋涡向流动方向移动，弱化了流体的混合，同时喷射效应减弱，减弱了对流换热效果。当 $\gamma=0.1$ 时，换热效果相对最好，最高温度降低了 5.84K，最低温度升高了 0.38K。

　　图 4-26 给出了在不同 Re_{in} 下，扩展段相对长度对相对压降的影响。从图中可以看出，相对压降基本上小于 1，说明锯齿结构减小了流阻。尽管锯齿结构增强了流体的扰动并周期性地发展边界层，但错位的锯齿结构增大了通道的孔隙率、减

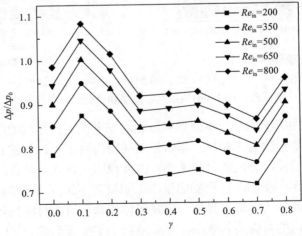

图 4-26　不同 Re_{in} 下，扩展段相对长度对相对压降的影响

小了流速，所以流阻减小。随着 Re_{in} 的增大，流动的扰动作用增强，相对压降增加。当 $\gamma=0$ 时，突扩面垂直于流动方向，流体更容易从凹穴处滑移流过；随后当 γ 增大到 0.1 时，流体冲刷渐缩壁面并形成回流，再冲刷扩展壁面，流体扰动增强，流阻增大。当相对长度小于 0.7 时，喷射效应占流阻的主导因素，且随着相对长度的增大，喷射效应减弱；当相对长度为 0.3 时，旋涡位于凹穴的中间位置处，且随着相对长度的增大旋涡沿流动方向移动，即旋涡在远离中间位置处，其更容易被主流流体带走，从而使流阻减小。而当相对长度从 0.3 增加到 0.5 时，扰动区域增大，压降出现了略微的增加。当 $\gamma=0.8$ 时，流体直接冲刷渐缩壁面，回流强度增加，节流效应显著，引起流阻增大。

相对努塞特数的变化如图 4-27 所示，在研究范围内，相对努塞特数均大于 1，说明锯齿形微通道增大了对流换热面积、周期性地发展边界层、增强了流体的扰动，从而强化了对流换热效果。当 $\gamma=0$ 时，锯齿扩展面垂直于流动方向，凹穴处流体不易被主流流体带走，从而弱化了强化换热效果；随着扩展段相对长度的增加，流体的扰动强度增强，强化了对流换热。随着扩展段相对长度的进一步增大，旋涡向流动方向移动，流体扰动强度减弱，弱化了强化换热效果。而在低 Re_{in} 下，当扩展段较大时，节流作用更明显，对流换热较好。

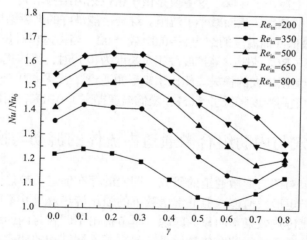

图 4-27　不同 Re_{in} 下，扩展段相对长度对相对努塞特数的影响

最后，采用热阻与泵功的关系衡量整体的换热特性，扩展段相对长度对泵功与热阻关系的影响如图 4-28 所示。从图中可以看出，当 $\gamma<0.5$ 和高泵功下 $\gamma<0.7$ 时，换热得到了强化，而在较大相对长度及低泵功下，出现换热恶化的情况。尽管当 $\gamma=0.1$ 时的换热性能较好，但引来了较大的流动阻力。而当 $\gamma=0$ 时，锯齿形微通道的整体换热性能最好。相比矩形微通道，当泵功为 0.167W 时，其热阻减小了 17.4%。

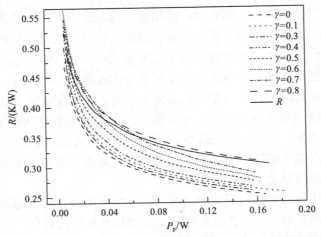

图 4-28　扩展段相对长度对锯齿形通道热阻和泵功的影响

通过以上分析可知，合理设计错位锯齿形微通道可有效降低底面的最高温度，降低被冷却器件表面的最大温差，因而可以减小被冷却器件表面所受的热应力，提高器件的可靠性，延长其使用寿命。除个别结构，不同结构尺寸的错位锯齿形微通道均在一定程度上减小了压降。这主要是由于错位锯齿结构增大了通道孔隙率，降低了通道内流体的速度，从而减小了流阻。综合性能最好的锯齿结构为 α =0.04 和 γ=0，而不是在最低底面温度的结构 α =0.02 或 γ=0.1。当锯齿相对长度较小时，换热强化的同时带来了较大流阻；当扩展段相对长度为 0.1 时，流体扰动增强带来的强化换热效果小于流阻增大的损失。相比于矩形微通道，当泵功为 0.167W 时，最优锯齿形微通道的最高温度降低了 5.65K，最低温度提高了 0.36K，热阻减小了 17.4%。

4.3　凹穴与内肋组合微通道内流体的流动与换热特性

基于 4.1 节对凹穴形微通道的研究，凹穴的存在促进了冷热流体的混合，传热效果明显优于矩形微通道，但低雷诺数下的强化传热效果并不明显。为了解决低雷诺数下强化传热效果不明显的问题，本节提出了凹穴与内肋组合微通道，并对比分析这两种微通道的综合传热效果，研究了不同结构的凹穴与内肋组合对微通道综合传热效果的影响。

4.3.1　微通道的结构参数

图 4-29 (a) 为扇形凹穴微通道的示意图 (简称 C.C)，它是由扇形凹穴周期性地内置于侧壁形成的，然后在此微通道的两凹穴间加入肋结构，形成凹穴及内肋组合的复杂结构微通道。图 4-29 (b) 为扇形凹穴及扇形内肋组合的微通道 (简称 C.C-C.R)。为了研究不同形状的凹穴及内肋组合对流动与传热的影响，分别引入

了由扇形、三角形和梯形凹穴及内肋任意组合而成的 9 种微通道，通道名称简写规则为：凹穴简称为 C，内肋简称为 R，扇形简称为 C，三角形简称为 Tri，梯形简称为 Tra。图 4-29(c)～(e) 为微通道 C.C-C.R、三角形凹穴与三角形内肋组合的微通道(简称 Tri.C-Tri.R)及梯形凹穴与梯形内肋组合的微通道(简称 Tra.C-Tra.R)的截面图。所有的微通道总长 L_{ch} 为 10mm，高 H_{ch} 为 0.2mm，宽 W_{ch} 为 0.1mm；通道的壁面宽 W_b 为 0.2mm，通道底座高 H_b 为 0.15mm。通道内部的详细尺寸及 9 种微通道的简写如表 4-2 和表 4-3 所示。

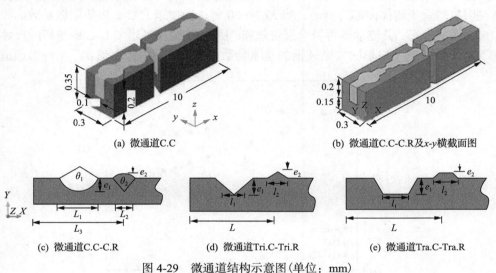

图 4-29　微通道结构示意图(单位：mm)

表 4-2　微通道热沉内部的几何尺寸

No.	变量	数值	No.	变量	数值
1	L_1	0.2mm	5	圆形凹穴曲率 θ_1	120°
2	L_2	0.1mm	6	圆肋曲率 θ_2	90°
3	L_3	0.4mm	7	相对凹穴高 e_1/D_h	0.3751
4	L	10mm	8	相对肋高 e_2/D_h	0.1365

表 4-3　九种微通道的名称简称

名称	简称	名称	简称
扇形凹穴与扇形肋组合的微通道	C.C-C.R	三角形凹穴与扇形肋组合的微通道	Tri.C-C.R
扇形凹穴与三角形肋组合的微通道	C.C-Tri.R	三角形凹穴与三角形肋组合的微通道	Tri.C- Tri.R
扇形凹穴与梯形肋组合的微通道	C.C-Tra.R	三角形凹穴与梯形肋组合的微通道	Tri.C- Tra.R
梯形凹穴与扇形肋组合的微通道	Tra.C-C.R	梯形凹穴与三角形肋组合的微通道	Tra.C- Tri.R
梯形凹穴与梯形肋组合的微通道	Tra.C- Tra.R		

4.3.2 流动与传热特性分析

图 4-30 为微通道 C.C-C.R 与相同尺寸下矩形微通道(Rec.)及扇形凹穴微通道(C.C)的摩擦系数 f 的对比。从图中可以看出，三种微通道的 f 随着雷诺数的增大均减小。微通道 C.C 的摩擦系数略低于光滑微通道，这是因为凹穴的存在，使通道的流动面积增大，流动阻力减小。但是，微通道 C.C-C.R 的摩擦系数明显高于其他两种微通道，当 Re=600 时，约为其他微通道的 2 倍左右。可见，内肋的存在明显增强了流体内部的扰动，当 Re>600 时，微通道 C.C-C.R 的摩擦系数曲线出现明显上扬，其流动不再符合层流规律。图 4-31 为微通道 C.C-C.R 与相同尺寸下矩形微通道及扇形凹穴微通道的努塞特数对比。从图中可以看出，三种微通道

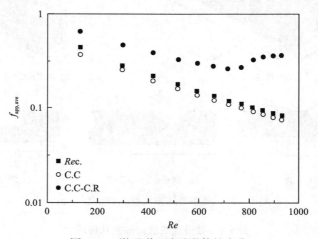

图 4-30　微通道 f 随雷诺数的变化

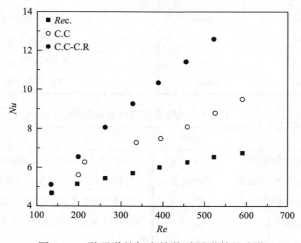

图 4-31　微通道的努塞特数随雷诺数的变化

的努塞特数均随雷诺数的增大而增大,其中微通道 C.C-C.R 的增幅最大。当 Re=524 时，微通道 C.C-C.R 的努塞特数约为微通道 C.C 的 1.5 倍，约为光滑矩形微通道的 2 倍，这说明凹穴与内肋的共同作用能强化微通道的换热效果。

图 4-32 和图 4-33 分别为当 Re=199.5 时微通道 C.C-C.R 与矩形微通道的流场和温度场分布。微通道 C.C-C.R 中心处的流体温度高于矩形微通道，且壁面温度低于矩形微通道。在内肋处温度线较密集，说明该处的换热效果较强烈。总之，凹穴与内肋组合的微通道可以连续打断流动边界层、增强内部扰动、引起流动分离并产生旋涡，促进通道的强化传热。

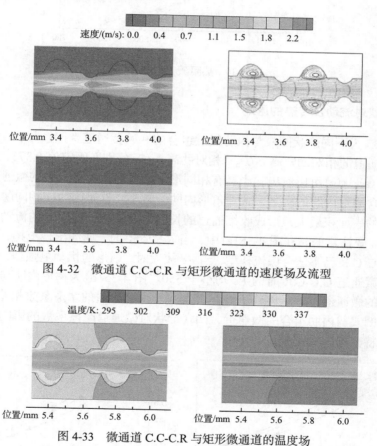

图 4-32　微通道 C.C-C.R 与矩形微通道的速度场及流型

图 4-33　微通道 C.C-C.R 与矩形微通道的温度场

图 4-34 为微通道 C.C-C.R、微通道 C.C 及矩形微通道的热阻随雷诺数的变化。较凹穴形微通道 C.C 和矩形微通道，微通道 C.C-C.R 的热阻得到了明显的降低，且随着雷诺数的增大，热阻降低得越明显，这说明凹穴及内肋组合的微通道可以进一步强化对流换热效果。

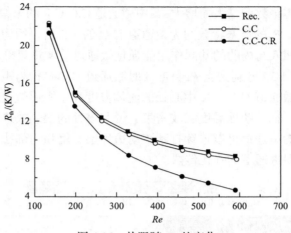

图 4-34　热阻随 Re 的变化

4.3.3　形状对流动及传热的影响

　　图 4-35 为不同形状凹穴与内肋任意组合的 9 种微通道摩擦系数 f 随雷诺数的变化。微通道的相对凹穴高 e_1/D_h、相对肋高 e_2/D_h 分别取固定值 0.3751、0.1365。从图 4-35(a)～(c)可以看出，当具有相同形状凹穴时，梯形内肋的微通道摩擦系数最大，含扇形内肋的次之，含三角形内肋的最小。这是因为在相同肋高及肋宽时，梯形的表面积最大，形成收缩通道的长度也最长，因此引起的流动阻力也最大。同时需要注意的是在图 4-35(a)中，当 $Re > 550$ 时，曲线出现上扬，说明此时微通道 C.C-C.R 已不适合层流模型，当 Re 较大时，扇形的扰动更强烈，因此在本书中分析微通道 C.C-C.R 时的 Re 均小于 550。图 4-35(d)为梯形内肋与不同形状凹穴组合的微通道摩擦系数 f 随 Re 的变化，三种微通道的摩擦系数相差较小。这说明对于凹穴与内肋组合的微通道，凹穴形状对微通道摩擦系数的影响较小，内肋对流动特性的影响较大。

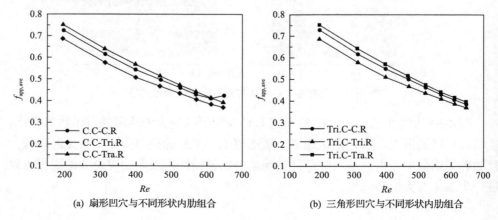

(a) 扇形凹穴与不同形状内肋组合　　　　　　　　(b) 三角形凹穴与不同形状内肋组合

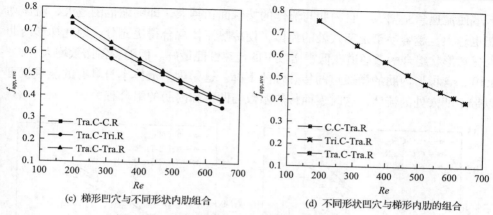

(c) 梯形凹穴与不同形状内肋组合　　　　　　(d) 不同形状凹穴与梯形内肋的组合

图 4-35　不同形状凹穴与内肋组合微通道 f 的对比

图 4-36 为所设计的微通道 C.C-C.R 与只含内肋微通道[9]或只含凹穴微通道[1,2]的无量纲摩擦系数 $C^*=((fRe)/(fRe)_0)$ 的对比。从图中可以看出，凹穴与内肋组合的微通道无量纲摩擦系数均大于只含内肋或只含凹穴的微通道，这说明凹穴与内肋组合微通道的内部扰动更剧烈。

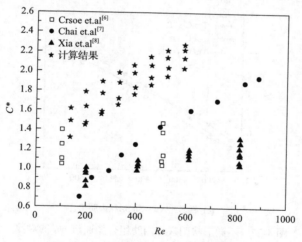

图 4-36　无量纲数 C^* 随雷诺数的变化

图 4-37 为不同形状凹穴与内肋任意组合微通道的努塞特数随雷诺数的变化。从图中可以发现，在低雷诺数下($Re<300$)，梯形内肋与任意形状凹穴组合微通道的表面传热系数较大。这是因为在凹穴处的通道面积突然扩大且流速突然减小，流体在凹穴区很容易形成层流滞止区，从而恶化传热效果，这与 Chai 等[1]所描述的在低雷诺数下扇形凹穴微通道不利于传热的现象相似。而当低雷诺数时，流体本身所具有的动能不足以带走凹穴处的流体。但在凹穴间加入内肋，形成的突缩

区域使流速急剧增大，且内肋与流体的接触面积越大，即突缩范围越大，流体动能也越大，越容易带走凹穴处的流体，使冷热流体混合得更充分，因此梯形内肋与任意形状组合的微通道在低雷诺数下的传热性能最好。但随着雷诺数增大（$Re >$ 300），含梯形内肋的微通道的传热性能下降。这是因为流体本身具有的能量就可以带走凹穴处的流体，这时表面传热系数与凹穴和内肋的组合有关。

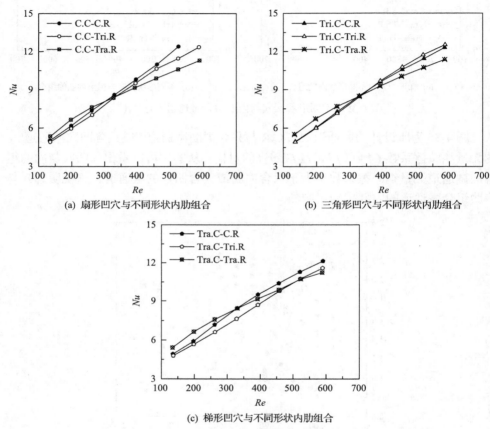

图 4-37　不同形状凹穴与内肋组合微通道 Nu 的对比

　　从图 4-38（a）和（b）可以看出，强化传热因子 η 的变化趋势与努塞特数相似。低雷诺数下，带有梯形内肋的凹穴形微通道的整体传热效果较好。随着雷诺数的增大，强化传热因子 η 与内肋及凹穴组合有关。图 4-38（d）为在相同雷诺数下，不同形状凹穴及内肋组合下的强化传热因子 η 最优的对比。发现在低雷诺数下（$Re <$ 300），微通道 Tri.C-Tra.R 的综合传热效果最优；而在较高雷诺数下（$Re >$ 300），微通道 Tri.C-Tri.R 的综合传热效果最优。

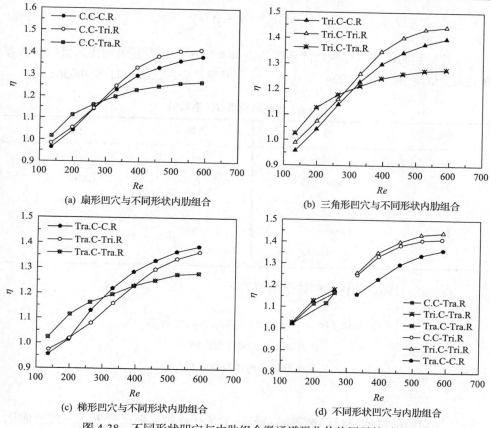

图 4-38　不同形状凹穴与内肋组合微通道强化传热因子的对比

(a) 扇形凹穴与不同形状内肋组合

(b) 三角形凹穴与不同形状内肋组合

(c) 梯形凹穴与不同形状内肋组合

(d) 不同形状凹穴与内肋组合

　　基于以上研究发现，当在相同雷诺数时，凹穴与内肋组合微通道的摩擦系数及努塞特数均比相同尺寸下凹穴形微通道和矩形微通道大，这说明凹穴与内肋的共同作用在强化传热的同时也相应地增大了压降。

4.3.4　凹穴与内肋高度对流动及传热的影响

　　以扇形凹穴与扇形内肋组合的微通道热沉(C.C-C.R)为例，采用多目标遗传算法，以热阻及泵功两个目标函数对凹穴高度与内肋高度进行优化，得出对应的优化解。首先选择 30 组任意高度的凹穴和内肋组合的微通道结构，对其在定流速 u=2m/s 下进行 CFD 模拟计算生成初始种群，根据得到的热阻及泵功值，构建三维响应平面。根据响应平面的形状、热阻及泵功的函数方程分别选择为二阶线性方程及幂指数方程，其拟合的方程分别表示如下：

$$R_{\text{th}}(e_1, e_2) = a_0 + a_1 e_1 + a_2 e_2 + a_3 e_1^2 + a_4 e_1 e_2 + a_5 e_2^2 \qquad (4\text{-}1)$$

$$p_{\text{p}}(e_1, e_2) = b_0 \cdot e_1^{b_1} \cdot e_2^{b_2} \tag{4-2}$$

计算得到的代理目标函数的系数如表 4-4 所示。热阻及泵功代理目标函数方程的拟合优度 R_2 分别为 0.90 及 0.93，均方根误差分别为 0.1411 及 0.0366。

表 4-4　代理目标函数的系数值

系数	值	系数	值
a_0	1.626	a_5	7.8393×10^8
a_1	1.924×10^3	b_0	1.4686×10^7
a_2	-4.1881×10^4	b_1	0.061
a_3	3.2505×10^{-6}	b_2	1.8084
a_4	-1.1165×10^8	—	—

相应的多目标遗传优化的数学模型如下：

$$\min f(e_1, e_2) = \min \left\{ R_{\text{th}}(e_1, e_2), p_{\text{p}}(e_1, e_2) \right\}$$
$$\text{s.t.} \quad 0.00001 \leqslant e_1 \leqslant 0.00006$$
$$0.00001 \leqslant e_2 \leqslant 0.00003$$
$$Re = 常数 \tag{4-3}$$

如果初始种群的目标函数不满足既定的优化准则，那么进入新一代的优化。在每个优化过程中，首先对每个个体进行适值分配，并按一定的概率进行选择、交叉及变异等遗传操作，从而形成新的子代种群。最后重新计算子代种群中每个个体的目标函数值，并将子代个体插入父代个体，形成新的父代种群，如此循环执行，直到最终满足优化准则，输出 Pareto 优化解。为了方便分析，采用 K-means 聚类法对最优解集进行 5 大聚类，如图 4-39 所示，连续曲线为 Pareto 优化解集，曲线上任意一个热阻值对应于另一个目标函数泵功的优化值。工况 1 表示热阻较大，泵功较小的情况；工况 2 表示热阻较小，泵功较大的情况。因此，设计者可以根据图 4-39 自由选择适合实际工况微通道的凹穴高及肋高的组合。

表 4-5 为 $u_{\text{in}} = 2\text{m/s}$ 时 Pareto 优化解中 5 个聚类点的变量参数及目标函数值与模拟值和文献值的对比。从中可以看出，热阻和泵功的理论值和模拟值的平均误差分别为 2.08% 和 6.12% 左右，吻合性较好。

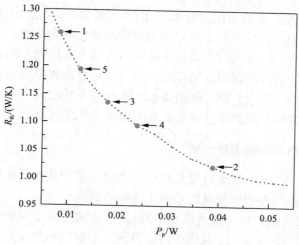

图 4-39 Pareto 优化解集

表 4-5 目标函数的 Pareto 优化值与模拟值的对比

聚类点	变量参数		Pareto 优化值		模拟值	
	e_1/mm	e_2/mm	R_{th}/(W/K)	p_p/W	R_{th}/(W/K)	p_p/W
1	0.01	0.0113	1.2595	0.0110	1.3054	0.0117
2	0.06	0.0252	1.0209	0.0380	1.0224	0.0370
3	0.01	0.0173	1.1353	0.01784	1.1366	0.0181
4	0.01	0.0203	1.0942	0.0238	1.0542	0.0229
5	0.01	0.0141	1.1939	0.0129	1.2325	0.0145
未优化前	0.05	0.0182	—	—	1.094	0.0195

图 4-40 为优化解集中 5 个聚类点的无量纲凹穴高及肋高随热阻和泵功的变化。从图中可以看出，当无量纲凹穴高从工况 2 (e_1/D_h=0.4501) 变化到工况 4 (e_1/D_h=

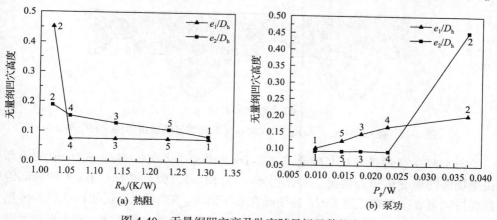

(a) 热阻　　　　　　　　　　　　(b) 泵功

图 4-40 无量纲凹穴高及肋高随目标函数的变化

0.075)时,其热阻绝对值的变化率为 0.75;但当无量纲肋高从工况 2(e_2/D_h=0.1891)变化到工况 4(e_2/D_h=0.0848)时,其热阻绝对值的变化率为 2.71。而且,当凹穴高一定时,如工况 4、3、5 和 1,其热阻随肋高的减小而增大。因此,凹穴高对热阻的影响明显小于肋高的影响。同样地,凹穴高对泵功的影响也明显小于肋高对其的影响。从图中也可以发现,热阻降低的同时其泵功增大,这进一步说明了设计者可以根据工况的实际需求选择合适范围通道的凹穴高及肋高组合。

4.3.5 强化传热机理的热力学分析

以微通道 C.C-Tra.R 及微通道 C.C-C.R 为例,分别从流动协同角、传热协同角及传热场协同数等参数解释微通道强化传热的原因。

图 4-41 为微通道 C.C 与微通道 C.C-Tra.R 沿流动方向(x=4.6~5.1mm)的局部流动场协同角 α 的分布情况。从图中可以发现,小场协同角 α 局部集中在凹穴区内。α 角越小,说明该区域的压降(流动阻力)越大。对比图 4-41(a)和(b),微通道 C.C-Tra.R 的 α 角比微通道 C.C 的小,而且微通道 C.C-Tra.R 由于梯形肋的存在,明显影响了主流区的流动。结果表明,由于内肋的存在,严重破坏了速度矢量 $\bar{U}$ 和速度梯度 ∇u 的协同关系,因此引起流阻的增大。

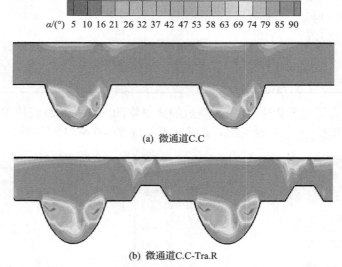

$\alpha/(°)$ 5 10 16 21 26 32 37 42 47 53 58 63 69 74 79 85 90

(a) 微通道C.C

(b) 微通道C.C-Tra.R

图 4-41　微通道 C.C 与微通道 C.C-Tra.R 的局部流动场协同角 α 的分布

图 4-42 为微通道 C.C 与微通道 C.C-Tra.R 沿流动方向(x=4.6~5.1mm)的局部传热场协同角 β 的分布情况。对比图 4-42(a)和(b),微通道 C.C-Tra.R 的局部传热场协同角 β 小于微通道 C.C,特别是在肋区附近。β 角越小,说明该区域的传热效果越好,因为内肋改变了速度矢量 $\bar{U}$ 和温度梯度 ∇T_f 的协同关系。当矩形微通道

内的流态充分发展时，其流线和等温线基本与通道平行，此时的速度矢量与温度梯度的夹角接近 90°，该传热协同关系最差，换热效果不好。凹穴和内肋的存在明显改变了流体的流动方向，使流线与等温线的夹角小于 90°，促进了对流换热。

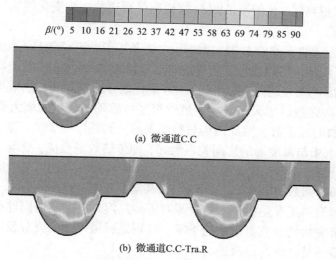

$\beta/(°)$　5　10　16　21　26　32　37　42　47　53　58　63　69　74　79　85　90

(a) 微通道 C.C

(b) 微通道 C.C-Tra.R

图 4-42　微通道 C.C 与微通道 C.C-Tra.R 的局部传热场协同角 β 的分布

图 4-43 分别为微通道 C.C-C.R、微通道 C.C 及矩形微通道的流动总协同角 $\bar{\alpha}$ 及传热总协同角 $\bar{\beta}$ 随雷诺数的变化。从图中可以看出，这三种微通道的流动及传热总协同角随 Re 的变化幅度不大。矩形微通道的 $\bar{\alpha}$ 最大，接近 90°，而微通道 C.C-C.R 的 $\bar{\alpha}$ 最小，在 80°附近波动，这说明矩形微通道的速度矢量与速度梯度的协同关系最好，因此摩擦阻力最小。同样地，矩形微通道的 $\bar{\beta}$ 最大，接近 90°，而微通道 C.C-C.R 的 $\bar{\beta}$ 最小，在 84°附近波动，这说明微通道 C.C-C.R 的速度矢

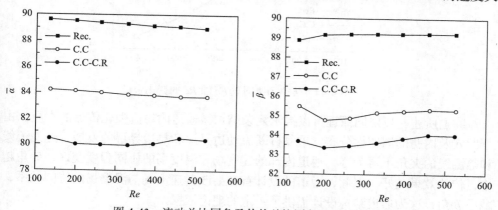

图 4-43　流动总协同角及传热总协同角随 Re 的变化

量与温度梯度的协同最好，因此传热增强。对比摩擦系数及努塞特数的变化可知，角度的微小变化就能引起摩擦系数和努塞特数的明显变化。例如，当 Re=500 时，微通道 C.C-C.R 比微通道 C.C 及矩形微通道的总传热协同角分别降低了 2° 及 5°，但努塞特数却提高了 1.3 倍及 1.8 倍，这说明微通道的结构变化能明显影响流场及温度场的分布。

图 4-44 为微通道 C.C-C.R、微通道 C.C 及矩形微通道传热场协同数 Fc 随雷诺数的变化。从图中可以发现，微通道 C.C-C.R 的 Fc 最大，说明流场与温度场的场协同性好，因此无量纲数 Fc 也成为除努塞特数外衡量对流传热效果的另一个准则。Fc 随着雷诺数的增大而减小，虽然努塞特数随雷诺数的增大而增大，但是 Fc 却是雷诺数的减函数，因此流场与温度场的协同性反而变差。李志信[10]指出，当 Fc=1 时，流场与温度场的协同关系最好，即传热效果最优，此时 $Nu=RePr$，为理想工况。当流体垂直流向多孔板流动时，$Nu \approx RePr$。但是大多数的对流传热工况，其传热场协同数协同数 Fc 远小于 1，甚至低于 1~3 个数量级，如图 4-44 所示，比理想的换热工况差很多。这表明对流传热模式下的场协同性很差，速度矢量与温度矢量夹角的余弦值总是趋于零，特别是通道内流动充分发展时的情况，因此还有很多不足之处有待改进。

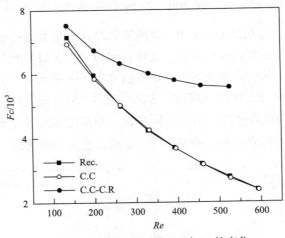

图 4-44 传热场协同数 Fc 随 Re 的变化

综上所述，场协同原理可以揭示复杂结构微通道内对流强化传热的本质。由于凹穴及内肋的周期性分布，重复打断流动边界层和热边界层的发展，这使流线和等温线的夹角不再为零，通道内部的速度场和温度场的协同程度变好，β 角越小，传热效果越好。因此，通道的设计首先要改善速度场与温度场的协同关系，减小 β 角，这为通道结构设计提供了一定的理论依据。

图 4-45 和图 4-46 分别为微通道 C.C 及微通道 C.C-Tra.R 的局部 $\dot{S}'''_{\mathrm{gen},\Delta T}$ 和

$\dot{S}'''_{\text{gen},\Delta p}$ 的分布情况。从图中可以看出，内肋附近的熵产最大，这说明内肋的存在强化了通道传热的同时也产生了较大的流阻。

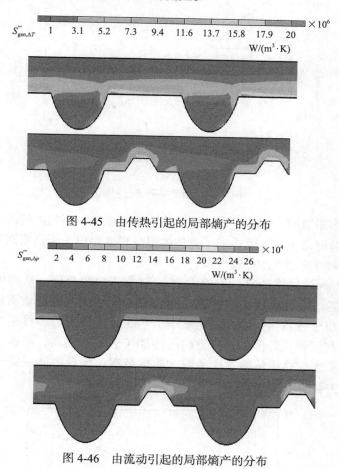

图 4-45　由传热引起的局部熵产的分布

图 4-46　由流动引起的局部熵产的分布

图 4-47 为微通道 Tri.C-Tri.R 由流动摩擦引起的熵产率 $\dot{S}'''_{\text{gen},\Delta p}$ 及由传热不可逆引起的熵产率 $\dot{S}'''_{\text{gen},\Delta T}$ 随雷诺数的变化。从图中可以看出，$\dot{S}'''_{\text{gen},\Delta T}$ 随雷诺数的增大而减小，而 $\dot{S}'''_{\text{gen},\Delta p}$ 随 Re 的增大而增大。这是因为随着雷诺数的增大，流体的换热能力增强，由加热底面与流体温度不平衡引起的不可逆损失减小，但压降也随之增大，相应地由流动摩擦引起的不可逆损失也增大。

由图 4-47 还可以看出，由传热不可逆引起的熵产率远大于由流动摩擦不可逆引起的熵产率，这意味着传热不可逆损失占总熵产的主要部分。这是因为在微通道中，流体的流速和通道的横截面积很小，由流动摩擦引起的不可逆损失对总熵产率的贡献较小，因此在微通道液体流动与传热过程中的总熵产率主要受 $\dot{S}'''_{\text{gen},\Delta T}$ 的

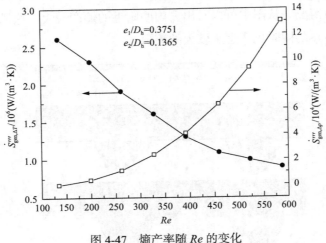

图 4-47　熵产率随 Re 的变化

影响。在低雷诺数时，流体在凹穴区的停滞时间较长，凹穴内的冷流体被加热升温而不能被及时带走，这就造成了流体的温度梯度净值大于高雷诺数时的情况，导致低雷诺数时的总熵产率较大。

图 4-48 为该通道的热能传输效率 η_t 随雷诺数的变化。从图中可以看出，随着雷诺数的增大，热能传输效率 η_t 也增大。这是因为在高雷诺数时流体的温度梯度净值小于低雷诺数的，因此减小了热能传递过程的不可逆损失，提高了热能的有效利用程度。但是，通道内的热能传热效率很高，高达 94%以上。随着雷诺数的增大，热能传输效率的增大幅度减缓，因此不能一味地用提高流体进口速度的办法来增强换热。

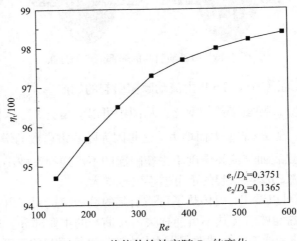

图 4-48　热能传输效率随 Re 的变化

4.4 凹穴与针肋组合微通道内的流动与传热特性

由 4.3 节内容可知，内肋的加入增强了微通道的换热性能，为了进一步提高凹穴形微通道热沉的传热性能，本节提出在凹穴形微通道中心加入微针肋，形成凹穴与针肋组合微通道，以增强对通道中心主流的流体扰动，进而强化对流换热性能。本节采用数值模拟的方法对该新型微通道、传统矩形微通道、凹穴形微通道和针肋形传统微通道内流体的流动与传热特性进行研究，分析凹穴与针肋组合结构对微通道热沉性能的影响，并利用熵产最小化原理分析新型微通道强化传热的原因。

4.4.1 凹穴与针肋组合微通道结构

四种微通道结构意图如图 4-49 所示，图 (a) 为传统矩形微通道(简称 R)；图 (b) 为侧壁布置三角形凹穴的微通道(简称 Tri.C)；图 (c) 为通道中心布置矩形针肋的微通道(简称 Rec.F)；图 (d) 为三角凹穴与矩形针肋组合微通道(简称 Tri.C-Rec.F)。中间位置为固体肋壁，两侧为充满液体工质的微通道。所有微通道

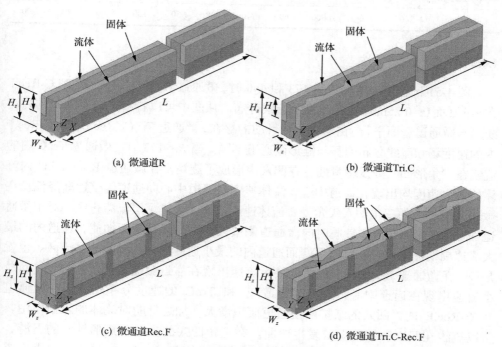

(a) 微通道R

(b) 微通道Tri.C

(c) 微通道Rec.F

(d) 微通道Tri.C-Rec.F

图 4-49 微通道的结构示意图

的计算区域均为长 $L=10\text{mm}$,宽 $W_z=0.2\text{mm}$,高 $H_z=0.35\text{mm}$,通道肋壁宽 $W=0.1\text{mm}$、高 $H=0.2\text{mm}$,四种微通道的局部几何结构和尺寸如图 4-50 和表 4-6 所示。

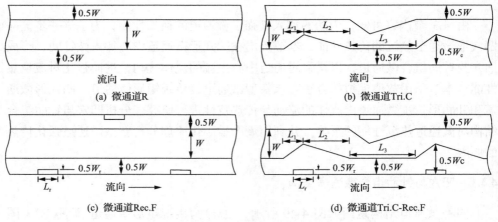

(a) 微通道R

(b) 微通道Tri.C

(c) 微通道Rec.F

(d) 微通道Tri.C-Rec.F

图 4-50　微通道局部几何结构示意图

表 4-6　四种结构微通道的几何尺寸

几何参数	H	H_z	L	L_1	L_2	L_3	L_r	W	W_c	W_r	W_z
尺寸/μm	200	350	10000	60	140	200	60	100	200	30	200

4.4.2　流体的流动特性

图 4-51 比较了当雷诺数为 173 和 440 时,微通道 R、Tri.C、Rec.F、Tri.C-Rec.F 在 x-y 平面($z=0.25\text{mm}$)内的速度及流线分布。从图中可以看出,微通道 R 的内流线均与微通道壁面平行。由于凹穴或针肋的存在,微通道 Tri.C、Rec.F、Tri.C-Rec.F 内的速度场和流线分布明显与矩形微通道不同。当 $Re=173$ 时,微通道 Tri.C 内的流线在三角形凹穴处发生弯曲,在凹穴内形成了旋涡。在微通道 R 和 Tri.C 内流体的最大速度均出现在通道中心,流体速度由通道中心向通道侧壁逐渐降低。在微通道 Tri.C 的三角凹穴尖角处,流体速度最低,形成了层流滞止区。对于微通道 Rec.F,流体在流过针肋时向微通道侧壁偏移,流体被挤压加速,通道内的最大流速周期性地出现在针肋区,而通道内的最小速度出现在针肋的尾流区。也就是说,在微通道 Rec.F 内,流体的最大流速出现在靠近微通道侧壁的位置,而最小流速出现在通道中心,这与微通道 R 和 Tri.C 的速度分布相反。在微通道 Tri.C-Rec.F 内,凹穴的渐扩段使通道面积增大,加之针肋对流体的阻挡作用,所以流线在凹穴和针肋上游发生弯曲。在三角凹穴的尖角和矩形针肋的下游,出现了很小的旋涡区,在这些旋涡区内流体的速度较低。当 $Re=440$ 时,微通道 Tri.C 凹穴内旋涡区的面积增大,但凹穴结构对通道中心的主流基本没有扰动作

用。在微通道 Rec.F 内，由于针肋的扰流作用，针肋的下游产生了旋涡。随着雷诺数的增加，微通道 Tri.C-Rec.F 内的旋涡区增大，针肋下游的旋涡比凹穴内的旋涡稍大。

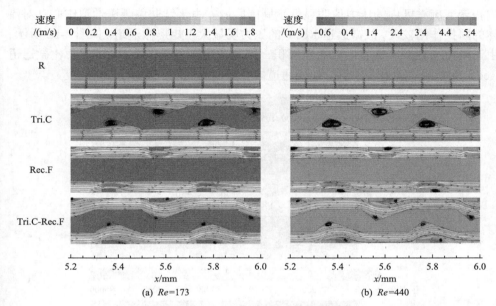

图 4-51　不同微通道 x-y 平面内的速度和流线分布(z=0.25mm)

由图 4-51 还可以明显看出，在微通道 Tri.C-Rec.F 内，由于凹穴和针肋的综合作用，流体在通道内产生了垂直于流动方向的运动，在凹穴和针肋区产生了旋涡和局部混沌对流，从而有利于强化传热。

当雷诺数较小时，相比于微通道 Tri.C，微通道 Tri.C-Rec.F 内凹穴处回流区的面积明显小于微通道 Tri.C；相比于微通道 Rec.F，在微通道 Tri.C-Rec.F 内针肋的下游产生了旋涡，而微通道 Rec.F 内没有产生旋涡；当雷诺数较大时，微通道 Tri.C-Rec.F 内针肋下游旋涡区的面积大于微通道 Rec.F。

在微通道 Tri.C-Rec.F 内，流动边界层被周期性地打断。由于凹穴和针肋的共同作用，凹穴处的层流滞止区明显小于微通道 Tri.C，而流体的最大流速低于微通道 Rec.F。此外，微通道 Tri.C-Rec.F 内 y 方向的速度梯度小于其他微通道，这样有利于促进通道壁面附近的热流体与通道中心冷流体的混合。凹穴和针肋的组合结构对微通道内流体的流动特性产生了重要影响。

图 4-52 给出了当 Re=440 时，微通道 R、Tri.C、Rec.F、Tri.C-Rec.F 的压力分布。从图中可以看出，由于摩擦阻力的损失，矩形微通道内的压力值沿流动方向逐渐降低。在凹穴形微通道内，当流体流经凹穴时，凹穴扩张段使流动面积增大，在凹穴扩张段入口处形成喷射效应，局部压力较低；凹穴收缩段形成节流效应，

主流冲击凹穴收缩段壁面，凹穴收缩段出口处的局部压力较高，从而在三角凹穴处形成了局部逆向压力梯度。在微通道 Rec.F 内，由于矩形针肋对主流的阻挡作用，在针肋迎流面产生了较高的压力。在针肋下游形成的旋涡区内，流体在旋涡内积聚，旋涡区内的压力值明显低于周围区域。由于针肋位于微通道中心，对流体的阻挡作用较大，故微通道 Rec.F 的压力明显大于矩形微通道。如图 4-52 所示，由于侧壁布置凹穴能够增大通道面积，因此微通道 Tri.C-Rec.F 的压力比微通道 Rec.F 低，凹穴和针肋的组合使微通道内在径向方向上产生了压力梯度。

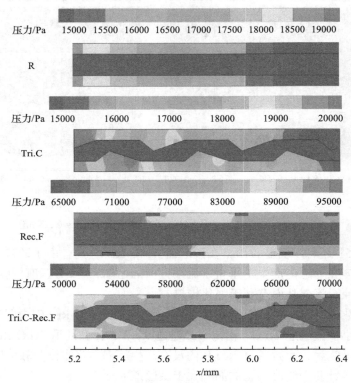

图 4-52   当 Re=440 时，不同结构微通道 x-y 平面内的压力分布（z=0.25mm）

图 4-53 为微通道 Tri.C、Rec.F、Tri.C-Rec.F 的 f/f_0 值随 Re 的变化。其中，f_0 为微通道 R 的摩擦系数。由图可知，随着 Re 增加，三种通道的摩擦系数均增加。微通道 Rec.F 的摩擦损失最大，微通道 Tri.C 的摩擦损失最小，这与图 4-52 中微通道内的压力分布结果一致。可见，凹穴增大了通道面积，降低了通道内摩擦阻力的损失。针肋对主流流体的阻挡作用增大了通道的摩擦损失。当 Re=173 和 Re=635 时，微通道 Tri.C-Rec.F 的摩擦系数分别为矩形微通道的 2.13 和 3.55 倍。

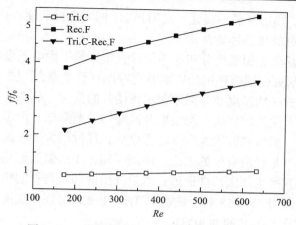

图 4-53 不同微通道热沉的 f/f_0 值随 Re 的变化

4.4.3 传热特性

图 4-54 给出了在 Re=440 条件下，四种微通道热沉内的温度分布。如图所示，微通道 R 内的温度明显高于其他微通道。微通道 Tri.C 的温度分布与微通道 R 类似，由于流体的流速沿通道中心向通道侧壁逐渐降低，因此最高温度出现在微通道侧壁处，而最低温度位于通道中心。由于通道中心布置了针肋，故微通道 Rec.F 和 Tri.C-Rec.F 内的温度明显降低。对于微通道 Rec.F，通道等截面段侧壁处的温度较高。微通道 Tri.C-Rec.F 内的温度分布与微通道 Rec.F 相比更加均匀。由于凹

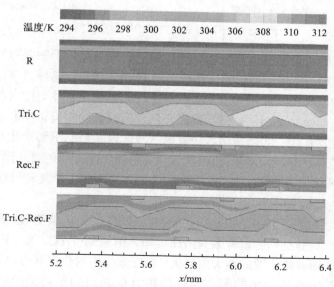

图 4-54 当 Re=440 时，不同结构微通道 x-y 平面内的温度分布（z=0.25mm）

穴和针肋的存在，热边界层一直处于发展状态，凹穴和针肋使冷热流体充分混合，提高了微通道热沉的传热性能。

　　由于微通道热沉底面温度分布的均匀性直接影响了微电子设备的工作性能和使用寿命，因此研究微通道热沉的底面温度特性有重要意义。图 4-55 给出了四种微通道热沉底面的平均温度及底面温差随雷诺数的变化。从图中可以看出，随着雷诺数增大，所有热沉的底面平均温度及温差均逐渐降低，但温度降低的速率逐渐减小。这说明，当雷诺数增大到一定程度后，通过增大工质流量来降低热沉的底面温度及温差不是经济有效的方法。由图可知，矩形微通道热沉的底面温度及底面温差最高，其次为凹穴形微通道，本节提出的凹穴与针肋组合微通道的底面温度及温差最低。当 $Re=635$ 时，微通道 Tri.C-Rec.F 的底面温度和底面温差分别比微通道 R 降低了 7.98℃和 9.39℃。

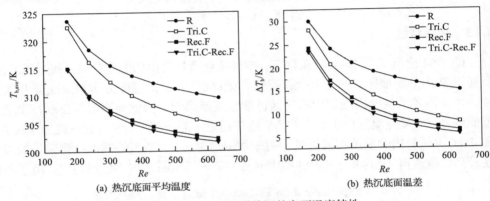

(a) 热沉底面平均温度　　　　　　　　　　　(b) 热沉底面温差

图 4-55　不同微通道热沉的底面温度特性

　　凹穴与针肋组合微通道热沉强化传热的主要原因是：①凹穴和针肋增加了微通道的传热面积；②周期性扩缩结构产生喷射-节流效应，这导致了流动和热边界层的周期性中断和再发展；③当雷诺数较低时，针肋使流体对凹穴收缩段的冲刷作用增强，从而减小了凹穴处的层流滞止区，同时针肋对通道中心的主流流体产生了明显的扰动作用；④当雷诺数较高时，凹穴内和针肋下游产生旋涡区，从而促进了冷热流体的混合。与单独布置凹穴或针肋相比，凹穴和针肋的组合结构具有更好的强化传热效果。比较四种类型微通道热沉，凹穴和针肋组合微通道热沉的传热性能最优。

　　图 4-56 为微通道 Tri.C、Rec.F、Tri.C-Rec.F 的 Nu/Nu_0 值随 Re 的变化。其中，Nu_0 为微通道 R 的平均努塞特数。由图可知，微通道 Tri.C、Rec.F、Tri.C-Rec.F 的 Nu/Nu_0 值均随着雷诺数的增大而增大。布置微结构的热沉其传热效果均优于矩形微通道，其中本节提出的凹穴与针肋组合微通道的平均努塞特数最高。当 $Re=173$ 和 $Re=635$ 时，三角凹穴及矩形针肋组合微通道的平均努塞特数分别达到

矩形微通道的 1.89 和 2.38 倍。

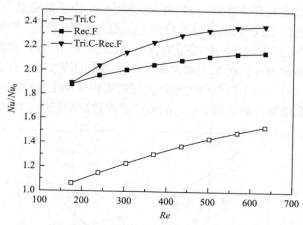

图 4-56　不同结构微通道热沉的 Nu/Nu_0 随 Re 的变化

4.4.4　熵产分析

如图 4-57(b) 所示，微通道热沉的传热熵产率随着雷诺数的增大而降低。这是因为随着雷诺数增大，流体和固体壁面的温差逐渐减小。由图可知，微通道 Tri.C-Rec.F 的传热熵产率最小，这说明凹穴和针肋的组合结构有助于减小流体的温度梯度，从而减小传热过程的不可逆性。对比图 4-57(a) 和图 (b) 可以看出，流动熵产率 $\dot{S}_{\mathrm{gen},\Delta p}$ 的值明显小于传热熵产率 $\dot{S}_{\mathrm{gen},\Delta T}$。这意味着传热熵产率占总熵产率的较大部分，传热不可逆性起更主要的作用。

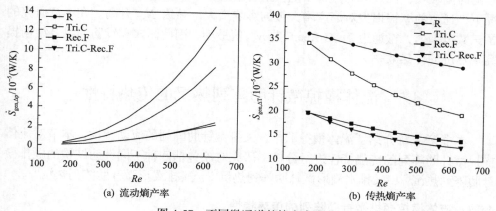

(a) 流动熵产率　　　　　　　　　　(b) 传热熵产率

图 4-57　不同微通道的熵产率变化

图 4-58 给出了复杂结构微通道的熵产增大数 $N_{\mathrm{s,a}}$ 随 Re 的变化。由图可知，微

通道 Tri.C、Rec.F、Tri.C-Rec.F 的熵产增大数均小于 1,这说明微结构能够有效地减小由流动和传热引起的不可逆损失。当雷诺数较小时,由于微通道 Tri.C 内凹穴的扰流作用较弱,微通道 Tri.C 的熵产增大数较大。随着 Re 的增大,凹穴强化传热的效果逐渐显现,且凹穴结构造成的摩擦损失较小,因此微通道 Tri.C 的熵产增大数迅速降低。相反,微通道 Rec.F 的熵产增大数随着雷诺数的增大迅速升高。这是因为,当雷诺数较大时,针肋对主流流体的阻挡及微通道内流动面积的减小增大了流动熵产率。随着雷诺数增加,微通道 Rec.F 的熵产增大数逐渐超过了微通道 Tri.C。

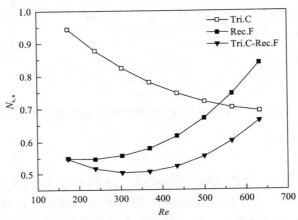

图 4-58　　不同微通道热沉的熵产增大数 $N_{s,a}$ 随 Re 的变化

随着雷诺数增大,微通道 Tri.C-Rec.F 的熵产增大数首先降低,当 $Re=303$ 时达到最小值,随后逐渐升高。这是由于:①在低雷诺数情况下,流体在凹穴处停留的时间较长,凹穴区的热量不能被及时带走,导致 $N_{s,a}$ 较高;②在高雷诺数情况下,通道的摩擦损失对熵产增大数的影响增大,导致 $N_{s,a}$ 升高。在本章研究的雷诺数范围内,微通道 Tri.C-Rec.F 的 $N_{s,a}$ 值最小,因此凹穴和针肋的组合结构提高了热沉的传热效率。

4.5　流体横掠微针肋阵列热沉的传热特性

本书第 3 章介绍了流体横掠顺排、叉排微针肋阵列的流动特性,本节对流体横掠微针肋阵列的传热特性进行分析。研究对象包括四种不同针肋结构的顺排微针肋阵列热沉[6]、叉排水滴形微针肋阵列热沉[7]、叉排翼形微针肋阵列热沉[8]。

4.5.1　流体横掠顺排微针肋阵列的传热特性

顺排微针肋阵列结构为圆形、方形、菱形,如图 3-20 所示,具体结构参数见表 3-2。

图 4-59 为热沉底面的平均温度 T_{ave} 与雷诺数的变化关系。从图中可以看出，在较小的雷诺数下，底面平均温度随雷诺数的变化很明显；随着雷诺数的增加，底面平均温度的变化逐渐平缓，这说明当雷诺数增大到一定程度后对微针肋阵列热沉传热性能的影响将降低。在较高雷诺数下，D-MPFS 的底面平均温度最小，S-MPFS 的底面平均温度最大；当 $Re=300$ 时，D-MPFS 的底面平均温度比 C-MPFS 和 S-MPFS 分别降低 1.45K 和 4.77K，这是由于 D-MPFS 尾部的旋涡使流体得到有效的混合，换热得到强化。

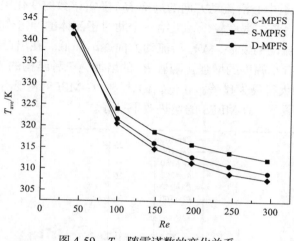

图 4-59　T_{ave} 随雷诺数的变化关系

图 4-60 为数值模拟所得不同结构的微针肋阵列热沉的 Nu_{ave} 随 Re 的变化关系。从图中可以看出，在所研究的雷诺数范围内，三种结构热沉的 Nu_{ave} 均随 Re

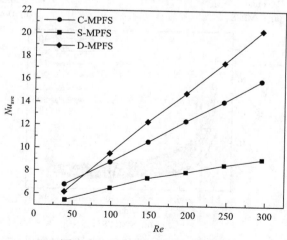

图 4-60　Nu_{ave} 随 Re 的变化关系

的增大而增大。当 Re 较小时，S-MPFS 尾部存在流动滞止区；而对于 C-MPFS，主流绕过微针肋尾部时的速度变化较小，其沿主流方向流走，换热效果较好。随着雷诺数的增加，微针肋尾部的涡逐渐变大，S-MPFS 尾部不易发生边界层分离且尾部旋涡不易被带入主流；而 C-MPFS 和 D-MPFS 因其减速增压区的作用，尾部易发生边界层分离且尾部旋涡容易被带入主流，这有效地促进了流体混合，强化了换热。此外，流体对 D-MPFS 针肋前端的冲击作用和尾部流场的综合作用使其强化传热效果最为明显。

图 4-61 为通道中心沿流动方向的局部 Nu_x 随雷诺数的变化关系。从图中可以看出，在入口段，流体温度较低，且第一个肋对于流体的冲击作用使得 Nu_x 得到极大增强，随着流动的发展，Nu_x 沿流动方向逐渐降低。在出口段，三维固体导热使得强化传热有小幅度的增强。随着 Re 的增加，三种结构的 Nu_x 均随之增加，其中 D-MPFS 增大得最为显著。在低雷诺数下，C-MPFS 表现出较好的对流换热作用；在高雷诺数下，D-MPFS 的换热效果最好。

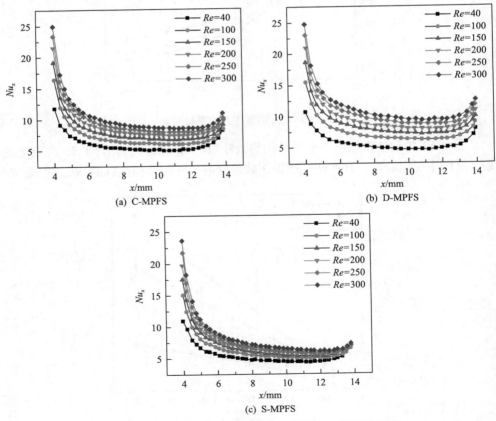

图 4-61　不同 Re 下局部 Nu_x 沿流动方向 x 的变化关系

在所研究雷诺数的范围内，平均努塞特数随着雷诺数的增大而增大，底面平均温度随着雷诺数的增大而减小。当雷诺数较小时，圆形微针肋的主流绕过针肋尾部时的速度变化较小，达到了较好的混合作用，其换热效果最好。随着雷诺数的增加，微针肋尾部的涡逐渐变大，菱形微针肋产生的减速增压区作用使得尾部流体易发生边界层分离且尾部旋涡容易被带入主流，这有效地促进了流体混合，强化了对流换热。因此，菱形前端结构对流体的冲击和尾部绕流的综合作用使其强化传热效果最为明显。

4.5.2　流体横掠叉排水滴形微针肋阵列的传热特性

本节研究流体横掠叉排水滴形微针肋阵列的传热特性，包括四种尾角（90°、60°、45°、30°）的水滴形针肋结构，具体参数见表 3-3。

图 4-62 为水滴形微针肋阵列热沉底面的平均温度 T_{ave} 与 Re 的变化关系。从图中可以看出，在较小的雷诺数下，T_{ave} 随 Re 变化明显；随着雷诺数的增加，T_{ave} 降低并逐渐趋于平缓。DR30-MPFS 的底面平均温度最小，DR90-MPFS 的底面平均温度最大，这是由于 DR30-MPFS 尾部削弱了旋涡的形成与脱落，换热得到强化。当 Re=300 时，DR30-MPFS 的底面平均温度比 DR90-MPFS 降低 0.87K，比 C-MPFS 降低 5K。

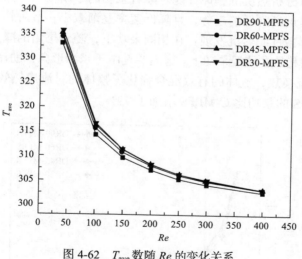

图 4-62　T_{ave} 数随 Re 的变化关系

图 4-63 给出了 Nu_{ave} 随 Re 的变化关系。从图中可以看出，在所研究的雷诺数范围内，Nu_{ave} 随雷诺数的增加均增大；与 DR90-MPFS、DR60-MPFS、DR45-MPFS 相比，DR30-MPFS 的换热性能最好。这是由于叉排布置方式使流体在交错的渐缩渐扩通道内流动，并不断冲击针肋壁面，边界层分离，流动与换热处于不断发展的状态，从而提高了对流换热性能；此外，尾角越小，削弱了边界层的分离和旋

涡形成，促进了对流传热。当 $Re=300$ 时，DR30-MPFS 的平均 Nu 比 C-MPFS 增加了 1.53 倍。

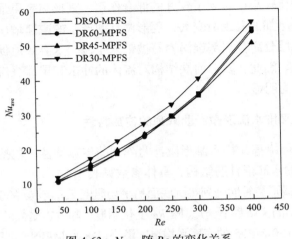

图 4-63　Nu_{ave} 随 Re 的变化关系

　　如图 4-64 所示，通过考察不同结构的水滴形微针肋热沉的换热热阻与泵功的关系，从而可以分析热沉的整体性能。随着泵功的不断增加，四种结构的微针肋热沉的热阻均呈逐渐降低的趋势，且降低速率逐渐减小，最后趋于平稳。比较不同尾角的水滴形微针肋热沉发现：在相同泵功下，随着尾角的减小，换热热阻也在逐渐减小，尤其是在较低泵功下。这主要是由于水滴形微针肋尾部增加的导热、扩展表面的对流换热、流体的有效混合强化了整体的对流换热效果。当 $Re=300$ 时，DR30-MPFS 的泵功比 C-MPFS 增加了 79%。

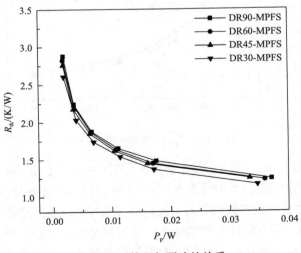

图 4-64　热阻与泵功的关系

4.5.3　流体横掠叉排翼形微针肋阵列的传热特性

根据 3.6 节流体横掠叉排翼形微针肋的流动特性研究结果，当流体流过翼形微针肋时，结构的非对称性使得针肋两侧流体的流动速度不同，从而导致通道中流体速度出现周期性变化，增强了流体混合。根据前面给出的结构参数，加工制作了两种翼形微针肋阵列热沉(图 3-31)，并对其传热特性进行了实验研究。

实验以去离子水为工质，体积流量范围 Q_v=29～72mL/min。表 4-7 和表 4-8 分别给出了当底面加热功率为 40W 时，SWP-0.44、SWP-0.36 翼形微针肋热沉的实验结果。从中可以看出，随着流量的上升，热沉的总压降逐渐上升，底面平均温度、最高温度、最低温度和最大温差逐渐减小。另外，随着流量的增大，底面温度降低的趋势逐渐减缓。

表 4-7　SWP-0.44 微针肋热沉的实验结果

No.	流量 /(mL/min)	总压降 Δp/kPa	底面平均温度 T_w/℃	底面最高温度 T_{max}/℃	底面最低温度 T_{min}/℃	底面最大温差 ΔT_{max}/℃
1	29	50.3	52.0	66.6	38.4	28.2
2	36	72.9	48.8	62.0	36.6	25.4
3	43	96.8	46.7	59.3	35.6	23.7
4	50	126.7	45.2	57.1	35.0	22.1
5	58	160.4	43.9	55.2	34.4	20.8
6	64	187.7	43.0	53.7	33.8	19.9
7	72	227.7	42.0	51.9	33.2	18.7

表 4-8　SWP-0.36 微针肋热沉的实验结果

No.	流量 /(mL/min)	总压降 Δp/kPa	底面平均温度 T_w/℃	底面最高温度 T_{max}/℃	底面最低温度 T_{min}/℃	底面最大温差 ΔT_{max}/℃
1	29	83.4	51.1	60.5	41.5	19
2	33	103.4	49.2	59.2	40.3	18.9
3	36	120.7	47.9	58.1	39.5	18.6
4	40	144.8	46.5	56.7	38.6	18.1
5	43	162.9	45.6	56.2	38.0	18.2
6	47	190.2	44.7	54.0	37.2	16.7
7	50	211.4	44.1	53.3	36.8	16.5
8	53	233.4	43.4	53.0	36.3	16.7

图 4-65 为加热功率为 40W 时，两种热沉的底面平均温度随雷诺数和流量的变化关系。从图中可以看出，随着雷诺数和流量的增大，热沉底面的平均温度逐渐降低，且降低速率逐渐减缓。如图 4-65(a)所示，在相同流量下，由于 SWP-0.36 微针

肋布置得更密，流体扰动的混合效果更好，同时其对流换热面积较大，强化了对流换热，因而底面温度较低。但是在相同雷诺数下，如图 4-65(b)所示，SWP-0.44 的底面温度较低。这主要是由于 SWP-0.36 微针肋的密度相对较大，相同雷诺数下的最大流速相同，因此 SWP-0.36 微针肋热沉对应入口流体的流速低、流量小，换热效果较差。随着雷诺数的进一步增大，SWP-0.36 的底面平均温度与 SWP-0.44 的差距逐渐减小，当雷诺数约为 775 时，两个热沉底面的平均温度趋于相同。

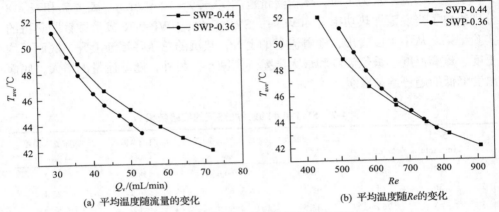

(a) 平均温度随流量的变化　　　　　　　(b) 平均温度随Re的变化

图 4-65　不同热沉底面的平均温度对比

图 4-66 为两种结构微针肋热沉底面的最大温差随流量的变化关系。SWP-0.36 微针肋更密，流体扰动的混合效果更好，且对流换热面积较大，其有效地降低了壁面温度的升高，从而有效控制了壁面温度的最大温差。

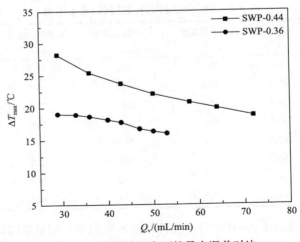

图 4-66　不同热沉底面的最大温差对比

针肋结构形式对对流换热系数的影响如图 4-67 所示。与 SDSP-60 相比，随着雷诺数的增加，翼形微针肋热沉对流换热系数的增长速率较快，且在实验研究范围内，翼形微针肋热沉的对流换热系数较高，说明翼形微针肋达到了强化传热的效果。相同雷诺数下，SWP-0.44 的对流换热系数比 SWP-0.36 高出约 10%。导致这一现象出现的原因是，尽管 SWP-0.36 中的针肋数量更多，对流换热面积更大，但是由于其孔隙率较小，因此在相同雷诺数下，SWP-0.36 对应的流量更小。因此，对流换热系数较小。

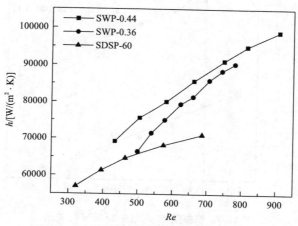

图 4-67　不同热沉的对流换热系数的对比

4.5.4　流动阻力特性

图 4-68 为热沉压降随流量的变化关系。由于 SWP-0.44 热沉中微针肋的横向间距较大，热沉内部流体的平均流速较低，因此摩擦阻力相对较小；在相同流量

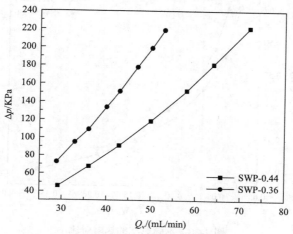

图 4-68　热沉压降随流量的变化关系

下，SWP-0.44 的压降比 SWP-0.36 的压降低约 40%。

　　热沉的摩擦阻力系数随 Re 的变化关系如图 4-69 所示。从图中可以看到，两个微针肋热沉的摩擦阻力系数均随着雷诺数的增大而减小；且在本实验研究范围内，摩擦系数与雷诺数近似呈直线关系。由于 SWP-0.44 热沉中的微针肋总数少于 SWP-0.36，因此 SWP-0.44 热沉的摩擦阻力系数明显低于 SWP-0.36。

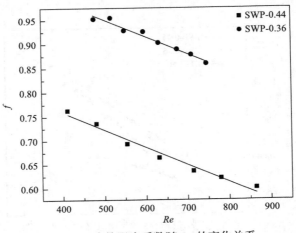

图 4-69　摩擦阻力系数随 Re 的变化关系

4.5.5　热阻与泵功的关系

　　通过分析翼形微针肋热沉的热阻与泵功的关系，对热沉的整体性能进行评价。图 4-70 为两种翼形微针肋热沉的热阻与泵功的关系。从图中可以看出，随着泵功

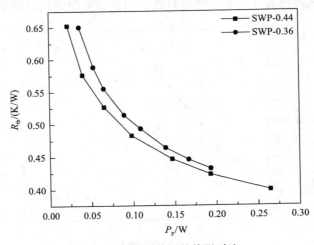

图 4-70　不同热沉的热阻对比

的增加,热沉的热阻逐渐降低,但降低速率逐渐趋于平缓。相同泵功下,SWP-0.44 的热阻较 SWP-0.36 低 5%左右。这说明尽管 SWP-0.36 微针肋热沉增强了流体的扰动混合,但是却带来了较大的流动阻力,其整体换热性能并没有得到较好的提升。

综上所述,翼形微针肋结构的非对称性导致了流体横向掠过微针肋时两侧的流速不同,增强了热沉内部流体的混合,达到了强化传热的效果。SWP-0.36 热沉内部微针肋的纵向间距较小、针肋数较多且孔隙率较小,因此内部流体的扰动更剧烈,故导致该热沉的摩擦阻力系数明显高于 SWP-0.44。另外,SWP-0.36 热沉内的微针肋数目较多,增大了对流换热面积,可以强化对流换热。在相同泵功下,SWP-0.44 热沉的热阻相对较小,其综合换热性能优于 SWP-0.36。

4.6　本 章 小 结

本章从凹穴形微通道、锯齿形微通道、凹穴与内肋组合微通道、凹穴与针肋组合微通道、流体横掠微针肋阵列热沉五个方面,介绍了微结构形状及尺寸对流动换热性能的影响,并探索了微结构强化换热的机理,得到以下结论。

(1)凹穴形微通道:在低雷诺数下,流体在凹穴处出现层流滞止区,使流体产生从凹穴处"滑"过去的趋势,影响了换热;在大雷诺数下,凹穴对近壁处流体产生附加的扰流、凹穴导致的形体阻力产生逆向压力梯度和喷射节流效应强化了换热效果。

(2)锯齿形微通道:错位锯齿形微通道可有效降低壁面温度的升高,提高底面温度的均匀性。除个别结构,不同结构尺寸的错位锯齿形微通道均在一定程度上减小了流动压降。

(3)凹穴与内肋组合微通道:在低雷诺数下,凹穴与内肋组合微通道形成的突缩区域使流体的流速急剧增大,将凹穴处的流体带走,使冷热流体混合得更充分,从而促进了对流换热效果,但也带来了流动阻力的增大。

(4)凹穴与针肋组合微通道:凹穴和针肋增加了微通道的换热面积,针肋对通道中心流体产生了明显的扰动,在通道内形成了局部混沌对流,促进了冷热流体的混合,三角凹穴处的层流滞止区明显减小,凹穴和针肋的共同作用有利于强化传热。四种微通道热沉中,凹穴和针肋组合微通道热沉的熵产增大数最低,凹穴和针肋结构降低了流体的温度梯度,从而减小了微通道传热的不可逆性,提高了热沉的传热效率。

(5)流体横掠微针肋阵列热沉:微针肋形状、排列方式、孔隙率对微针肋热沉的传热性能有重要影响。相比于圆形、方形微针肋,菱形针肋的强化传热效果最为明显;与顺排相比,叉排布置方式可促进对流换热;水滴形微针肋的尾角越小,越有利于避免边界层的分离和旋涡形成；具有非对称结构的翼形微针肋可以增强热沉内部流体的混合，实现强化传热；孔隙率对热沉的综合性能有重要影响，因此需根据实际需要对流体横掠微针肋热沉进行优化设计。

参 考 文 献

[1] Chai L, Xia G D, Zhou M Z, et al. Numerical simulation of fluid flow and heat transfer in a microchannel heat sink with offset fan-shaped reentrant cavities in sidewall[J]. International Communications in Heat and Mass Transfer, 2011, 38(5): 577-584.

[2] Xia G D, Chai L, Wang H, et al. Optimum thermal design of microchannel heat sink with triangular reentrant cavities[J]. Applied Thermal Engineering, 2011, 31(6): 1208-1219.

[3] Ma D D, Xia G D, Li Y F, et al. Effects of structural parameters on fluid flow and heat transfer characteristics in microchannel with offset zigzag grooves in sidewall[J]. International Journal of Heat and Mass Transfer, 2016, 101: 427-435.

[4] Zhai Y L, Xia G D, Liu X F, et al. Heat transfer in the microchannels with fan-shaped reentrant cavities and different ribs based on field synergy principle and entropy generation analysis[J]. International Journal of Heat and Mass Transfer, 2014, 68: 224-233.

[5] Li Y F, Xia G D, Ma D D, et al. Characteristics of laminar flow and heat transfer in microchannel heat sink with triangular cavities and rectangular ribs[J]. International Journal of Heat and Mass Transfer, 2016, 98: 17-28.

[6] Xia G D, Chen Z, Cheng L X, et al. Micro-PIV visualization and numerical simulation of flow and heat transfer in three micro pin-fin heat sinks[J]. International Journal of Thermal Sciences, 2017, 119: 9-23.

[7] 陈卓. 微针肋绕流流场测试及传热特性研究[D]. 北京: 北京工业大学, 2016.

[8] 杨宇辰. 微针肋热沉流动可视化及传热特性研究[D]. 北京: 北京工业大学, 2017.

[9] Croce G, D'agaro P. Numerical analysis of roughness effect on microtube heat transfer[J]. Superlattices and Microstructures, 2004, 35(3): 601-616.

[10] 李志信, 过增元. 对流传热优化的场协同理论[M]. 北京: 科学出版社, 2010.

第5章 微通道热沉结构设计

如前所述，对于给定的换热需求，可以通过改变微通道结构来拓展有效对流换热面积、增强流体的扰动混合、再发展边界层，从而强化对流换热效果。在实际的散热应用中，微通道热沉通常包含多条通道，各通道流体分配的均匀性直接影响了热沉的整体换热性能。因此，研究微通道热沉的总体结构布局至关重要。通过合理的结构设计，可以获得结构紧凑、低热阻、沿流动方向温度分布均匀的微通道热沉。本章首先对微通道热沉的流体进出口方式、进出口槽道形状进行设计；然后再开展复杂结构微通道热沉整体的优化设计；最后通过实验研究复杂结构微通道热沉的综合性能。

5.1 微通道热沉结构的优化分析

5.1.1 微通道热沉的进出口方式

微通道热沉对高热流密度微电子器件进行冷却时会出现各通道的流量分配问题，且流量分配直接影响热沉底面温度的分布均匀性和整体换热效果。Lalota 等[1]研究发现，流量分配不均可导致换热性能下降 7%～25%，且在层流状态下，换热性能会下降更多。

微通道热沉工作时，各通道的流量分配与流体进出口方式密切相关。研究者通过采用不同的进出口方式实现了流体的均匀分配[2]。Jorge 等[3]进出口形状进行优化设计，并提出了基于局部摩擦阻力的模型。本节以散热面尺寸为 4mm×6mm 的方形器件为冷却对象，优化设计硅基微通道热沉的进出口方式，分析影响流量分布的主要因素。选用单晶硅为微通道热沉基材，假设在散热区域布置 30 条高度为 0.3mm、宽度为 0.1mm 的微通道，通道间的肋壁宽为 0.1mm，流体进出口槽道和通道结构均设为矩形。

1. 流体进出口方式

如图 5-1 所示，微通道热沉的流体进出口布置方式共分为 8 种，命名规则为进出口位置+流动方向。进出口位置的布置形式分别用字母 T、H 及 V 表示，其中流体从热沉顶部(背面)流进流出，用字母 T 表示；流体从热沉侧面流进流出，且流入流出方向与主流方向一致，用字母 H 表示；流体从热沉侧面流进流出，流入流出方向与主流方向垂直，用字母 V 表示；流体在热沉内的整体流动路径分别用字母 I、C 及 Z 表示。

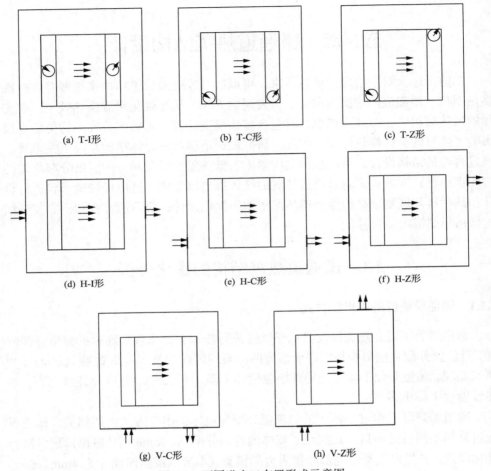

图 5-1 不同进出口布置形式示意图

  考虑在实际应用中涉及的多个热沉系统集成，所以选用从热沉顶部流进流出的方式，即 T 形(T-I、T-C、T-Z)微通道热沉，如图 5-1(a)～(c)所示，以下简称为 I 形、C 形、Z 形。为了在有效的空间内尽可能增大热沉整体的散热性能，因此需要在散热面上增加足够大的拓展表面，故采用尺寸更小、数量更多的并联微通道。图 5-2 为 I 形硅基微通道热沉的三维视图。

  2. 进出口方式对流体分配均匀性的影响

  表 5-1 为 I 形、C 形及 Z 形硅基微通道热沉在流量为 150mL/min 时的计算结果。从中可见，I 形微通道热沉无论是传热性能还是流阻特性均优于 C 形及 Z 形，其底面最高温度、最大温差和流动阻力最小。

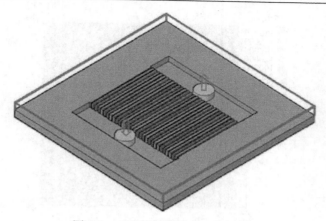

图 5-2　Ⅰ形微通道热沉的三维视图

表 5-1　不同硅基微通道热沉的计算结果

微通道热沉形式	通道压降值 /kPa	底面平均温度 T_{ave}/℃	底面最低温度 T_{min}/℃	底面最高温度 T_{max}/℃	底面最大温差 ΔT_{max}/℃
Ⅰ形	46.1	53	45	59	14
C形	76	53	45	61	16
Z形	105	57	45	77	34

图 5-3 是流量为 150mL/min 时，Ⅰ形、C 形及 Z 形硅基微通道热沉的压力分布云图。从图中可以看出，Ⅰ形微通道热沉的压降最小，流体从右侧中部的入口流入进口槽道，流经各微通道吸热后汇入出口槽道，最终从热沉左侧中间位置的出口流出；Z 形微通道热沉的压降最大，这主要是因为流体流经整个热沉的路径较长；C 形微通道热沉的压降介于Ⅰ形与 Z 形。

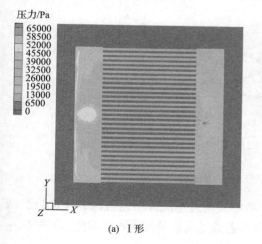

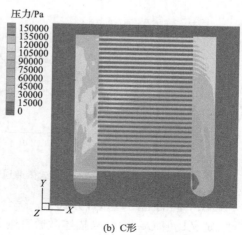

(a) Ⅰ形　　　　　　　　　　　　　　　　(b) C形

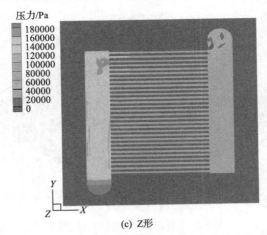

(c) Z形

图 5-3　不同硅基微通道热沉的压力分布云图

图 5-4 给出了流量为 150mL/min 时，I 形、C 形、Z 形微通道热沉各通道流体的平均速度分布情况。当流体进入微通道热沉时，其速度方向与进出口槽道底面垂直，流体直接冲击槽道底面后流向各个方向。I 形微通道热沉内各通道流体的流量呈对称分布，分配较为均匀；Z 形微通道热沉内各通道流体的流量分布均匀性相对较差；C 形微通道热沉流体的进出口位于同一侧，靠近进出口流道内流体的流量较大，远离进出口流道内的流量较小。总体上看，与 C 形和 Z 形微通道热沉相比，I 形微通道热沉各通道的流量分配更为均匀。

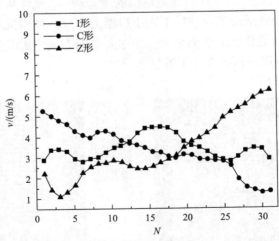

图 5-4　不同入口方式微通道热沉各通道流体的平均速度分布

在不同的进出口布置方式下，综合考虑微通道热沉各个通道内的流量分配特性，定义比值 U_{STD}/U_{av} 来描述微通道热沉内各通道流量分配的不均匀度，其中 U_{STD}

为速度标准偏差，U_{av} 为速度平均值。U_{STD}/U_{av} 的值越小，说明其流量分配越均匀。

$$U_{STD} = \sqrt{\frac{1}{N-1}\sum_{i=1}^{N}\left(U_i - U_{av}\right)^2}$$
(5-1)

式中，N 为微通道个数；U_i 为第 i 个通道内的流体速度。

表 5-2 为 I 形、C 形、Z 形微通道热沉内流量分配的不均匀度。从表中可以看出，I 形微通道热沉的流量分配不均匀度最小；Z 形微通道热沉的流量分配不均匀度最大；C 形介于二者之间，这与之前的结论一致。

表 5-2　不同进出口布置方式时流量分配不均匀度

进出口方式	I 形	C 形	Z 形
U_{STD}/U_{av}	0.156	0.471	0.551

综上所述，对于本节讨论的散热需求，I 形微通道热沉在流动分布与传热性能上均具有优势，因此在后续设计微型散热器时选用 I 形进出口方式。

5.1.2　微通道热沉的进出口槽道形状

在实际应用中，电子芯片的温度不能超过额定温度，一旦超过将严重影响电子器件的可靠性与使用寿命。衡量微通道热沉性能的参数主要包括热沉底面平均温度、最高温度、最大温差、流动阻力等。

1. 进出口槽道形状

进出口槽道的形状也会影响微通道热沉的整体换热和流阻特性。本节采用上文提到的 I 形进出口布局方式，优化微通道热沉的进出口槽道形状。根据槽道两端宽度 x_1 与中间宽度 x_2 之比，槽道形状可分为矩形（$x_1/x_2=1$）、对称梯形（$0<x_1/x_2<1$）和等腰三角形（$x_1/x_2=0$）三种类型，其结构如图 5-5 所示。

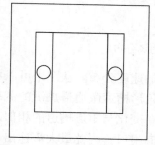
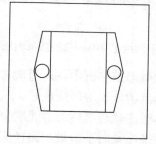
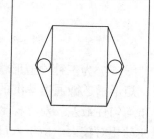

(a) 矩形槽道　　　　　　　(b) 对称梯形槽道　　　　　　(c) 等腰三角形槽道

图 5-5　不同槽道形状示意图

2. 进出口槽道形状对流体分配均匀性的影响

图 5-6 给出了当流量为 150mL/min 时，槽道形状分别为矩形、对称梯形和等腰三角形的硅基微通道热沉在 $z=0.3$mm 面上的压力分布云图。从图中可以看出，矩形槽道微通道热沉的压降最小，三角形槽道微通道热沉的压降最大。

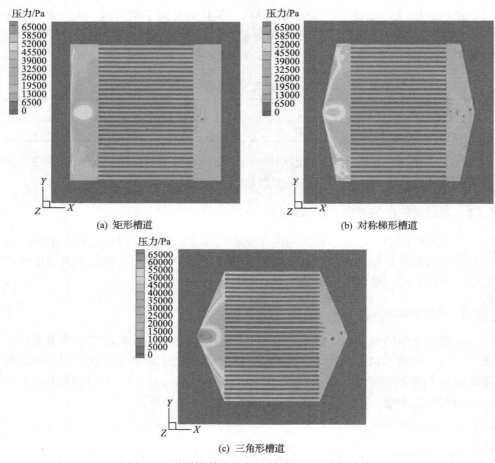

(a) 矩形槽道   (b) 对称梯形槽道

(c) 三角形槽道

图 5-6 不同槽道硅基微通道热沉的压力场分布

图 5-7 为三种槽道形状微通道热沉中各通道流体的速度分布。从图中可以看出，矩形槽道微通道热沉的流动分布均匀性最好，三角形槽道微通道热沉的流动分布均匀性最差，对称梯形槽道微通道热沉的速度分布变化与矩形槽道的相似，但波动相对较大。由于入口来流倾向于沿最短路径流向出口，因此最大流速出现在离入口最近的中间通道；同时部分来流沿槽道流动，分流至每一条微通道，远离入口微通道内还会出现另一个流速峰值。与对称梯形和等腰三角形槽道相比，

矩形槽道微通道热沉各通道内的速度分布更为均匀。

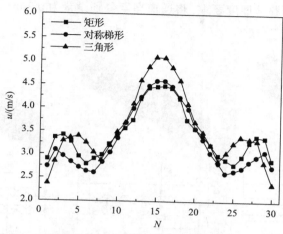

图 5-7　不同槽道形状微通道热沉各通道流体的速度分布

应用式(5-1)对矩形、对称梯形、三角形三种槽道微通道热沉的流动分布不均匀性进行定量分析，结果见 5-3。从图中可以看到，矩形微通道热沉的流量分配不均匀度最小，三角形槽道微通道热沉的流量分配不均匀度最大，对称梯形介于二者之间。因此，在后续微通道热沉的整体设计中选用矩形进出口槽道。

表 5-3　不同槽道形状时流动分布不均匀性值

槽道形式	矩形	对称梯形	三角形
U_{STD}/U_{av}	0.156	0.203	0.214

5.1.3　微通道结构的优化设计

1. 微通道结构

在确定微通道热沉采用 I 形进出口方式、矩形进出口槽道后，下面来研究微通道结构形式及尺寸对流动与传热性能的影响规律，以进一步提高微通道热沉的整体换热性能。从表 5-1 可知，由于散热区域采用传统矩形微通道，热沉底面的最大温差为 14℃，不能满足高热流密度微电子器件的散热要求。为提高散热表面温度分布的均匀性，需要对微通道结构进行优化设计。

首先选用三种不同形状的单通道进行分析，分别是等截面矩形微通道 A、复杂结构微通道 B 和复杂结构微通道 C。图 5-8 为三种微通道结构的示意图。单根通道宽 0.1mm，等截面矩形微通道之间的壁面宽度为 0.1mm；而复杂结构微通道 B 和 C 由于有凹穴嵌入壁面，壁面最薄处为 0.05mm，通道的底座高为 0.1mm。对于等截面矩形微通道 A，$L_1/W_3=40$；对于复杂结构微通道 B，$W_4/W_3=0.5$，$R/W_3=1$，

$L_5/W_3=2.5$；对于复杂结构微通道 C，$L_4/W_3=2$，$W_5/W_3=2$。综合考虑现有微加工技术及微通道热沉的整体厚度要求，将通道高度分别设置为 0.2mm、0.25mm、0.3mm 及 0.35mm[4]。

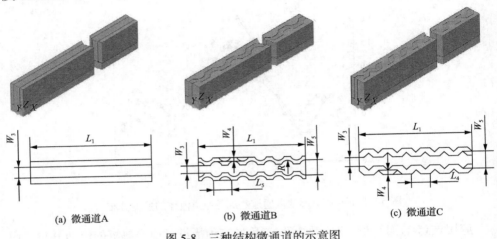

(a) 微通道A　　　　　(b) 微通道B　　　　　(c) 微通道C

图 5-8　三种结构微通道的示意图

2. 微通道结构对换热性能的影响

在流体流量为 150mL/min 的条件下，通道高度分别为 0.2mm、0.25mm、0.3mm 及 0.35mm 对应的矩形微通道 A 的底面温度，如表 5-4 所示。从中可以发现，随着通道高度的增加，壁面温度逐渐降低，但降低幅度减小。这主要是由于随着通道高度的增加，尽管各通道的流速减小，但是对流换热面积增大，增强了对流换热效果；同时，随着通道高度的增加，流速降低对换热的影响占主导地位，整体的强化换热效果减弱。

表 5-4　不同高度下微通道底面的平均温度

通道高度	0.2mm	0.25mm	0.3mm	0.35mm
T_w/℃	54	51.6	45	44

研究发现在相同高度下矩形微通道的压降最小，微通道 C 的压降次之，微通道 B 的压降最大；且随着通道高度的增加，各通道的流动阻力均减小。为了便于微通道热沉的整体加工，通道高度选为 0.3mm。表 5-5 为通道高度为 0.3mm 时的三种微通道的结果对比。从中可以看到微通道 C 的底面最高温度和底面最大温差均较小，换热性能最好，且压降增幅不大。综合考虑流阻特性及传热特性两方面因素，高度为 0.3mm 的微通道 C 的综合性能最优。

表 5-5　高度为 0.3mm 时三种结构微通道的计算结果

通道结构	Δp/kPa	T_{ave}/℃	T_{min}/℃	T_{max}/℃	ΔT/℃
微通道 A	38.8	44.6	34.5	49	14.5
微通道 B	43.1	43.8	34.5	48	13.5
微通道 C	42.9	42.5	34	47	13

5.1.4　微通道热沉的流动换热特性

基于以上分析可知，Ⅰ 形进出口、矩形进出口槽道，通道高度为 0.3mm 的微通道热沉的性能较好。下面结合三种微通道结构对热沉的流动换热性能进行分析。微通道热沉的基本结构及无量纲尺寸比值如图 5-9 和表 5-6 所示。

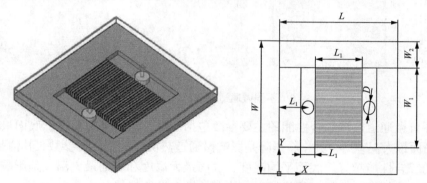

图 5-9　Ⅰ型矩形进出口槽道微通道热沉的结构图和尺寸图

表 5-6　微通道热沉组合及尺寸比

No.	结构	参数
1	进出口组合	C, Z, I
2	槽道形状	矩形、对称梯形、三角形
3	通道形式	A ($L_1/W_3=40$) B ($W_4/W_3=0.5$, $R/W_3=1$, $L_5/W_3=2.5$) C ($L_4/W_3=2$, $W_5/W_3=2$)
4	通道数	30
5	微通道热沉	$W/W_3=L/W_3=100$, $D/W_3=10$, $H/W_3=9$

图 5-10 给出了流量为 150mL/min 时三种结构微通道热沉的底面温度分布云图。从图中可以看出，三角凹穴微通道热沉 C 的底面温度分布最均匀，且底面最大温度在三者之中最小。靠近进出口的微通道流量较大，底面温度相对较低，温度最高点出现在靠近出口槽道的两端。加热底面沿轴向的温度分布较均匀，这是

因为微通道热沉除加热面上固体壁面与流体的对流与导热作用外，还有微通道外边缘固体壁面间的导热作用，这些因素的综合作用使得微通道热沉的底面温度分布更为均匀。x=0mm 与 x=4mm 处的温度相对较低，这是因为通道边缘与微通道热沉其他固体壁面之间的导热作用。I 形三角凹穴微通道热沉 C 具有优越的强化传热特性，能够满足高热流密度微电子器件的冷却需求。

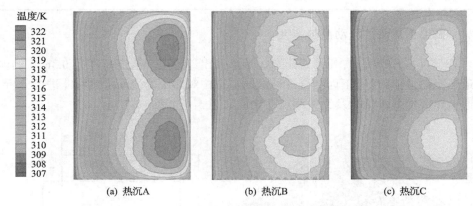

(a) 热沉A　　　　　　　(b) 热沉B　　　　　　　(c) 热沉C

图 5-10　　不同微通道热沉的底面温度分布

　　评价微通道热沉综合性能的主要参数包括压降、底面平均温度、底面最大温度、底面最大温差等。其中，压降是影响微通道热沉流动特性的参数，其值越小，热沉的综合性能越好。底面平均温度、底面最大温度和底面最大温差是影响微通道热沉传热特性的参数，其值越小，热沉的综合性能越好。

　　图 5-11 给出了三种不同微通道热沉的压降随体积流量的变化关系。三种微通道热沉内的压降均随体积流量的增加而增加；在相同流量下，微通道热沉 B 与 C 的压降要高于微通道热沉 A 的压降，且随着流量的增加，二者的差距逐渐增大。对于微通道热沉 C，其由扩张段、收缩段和平直段组成并依次交替出现，流体流过扩张截面时的流速减小且静压增大，流体流过收缩截面时的流速增加且静压减小，从而产生旋涡喷射并冲刷凹穴壁面，故导致进入平直段的流体边界层变薄。在低流速下，流体平滑地流过三角凹穴，不会产生旋涡，随着流量的增加，三角凹穴的作用越来越明显，流体在凹穴处的扰动也越来越剧烈。同时，凹穴的存在使流动边界层不断被打断，平直段一直处于发展状态，致使压降不断增大。流动机理归结于喷射节流和凹穴处产生的二次流。对于扇形凹穴微通道热沉 B，扇形凹穴微通道由凹穴段和平直段组成，扇形凹穴对近壁处的流体产生附加扰流，且扇形凹穴导致的形体阻力产生逆向压力梯度，从而使压降不断增大。当流量从 100mL/min 增加到 200mL/min 时，三种微通道热沉的压降增加程度变大，这意味着通过不断增加流体流量达到散热的目的，必须付出增大压降的代价。

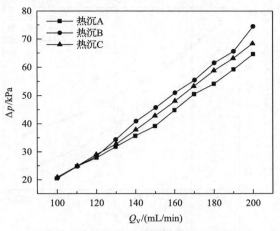

图 5-11　不同微通道热沉的压降对比

　　图 5-12 和图 5-13 给出了三种不同微通道热沉的底面平均温度、底面最大温度随体积流量变化的关系。从图中可以看出，三种微通道热沉的底面平均温度、底面最大温度都随着体积流量的增加而不断减小，而且微通道热沉 B 与 C 的底面平均温度、底面最大温度都要低于微通道热沉 A。这意味着凹穴增加了强化传热效果，主要归结于以下几个原因：①凹穴结构增加了传热面积和传热效率；②对于三角凹穴微通道热沉，微通道内主流冷流体与凹穴处形成的二次流能充分混合，同时周期性布置的凹穴不断地破坏热边界层，这使得热边界层的发展效应更明显，强化换热效果得以提升。对于扇形凹穴微通道热沉，换热效果增强主要是因为凹穴处的喷射和节流效应及凹穴壁面附近的扰流作用。当流量从 100mL/min 增加到 200mL/min 时，三种微通道热沉的底面平均温度、底面最大温度的增加程度变小，这说明不能通过一味地增加流体流量来降低微通道热沉的底面温度。

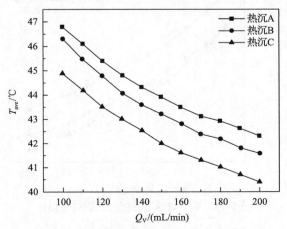

图 5-12　不同微通道热沉的底面平均温度对比

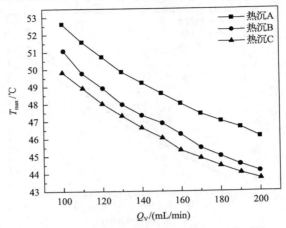

图 5-13　不同微通道热沉的底面最大温度对比

　　图 5-14 给出了三种微通道热沉的底面温差 $\Delta T=T_{\max}-T_{\min}$ 随体积流量变化的关系。底面最大温度与最小温度的值越接近，温差越小。从图中可以看出，三种微通道热沉的底面温差都随着体积流量的增加而不断减小，而且微通道热沉 B 与 C 的底面温差都要低于微通道热沉 A 的底面温差，同时凹穴热沉底面温差减小程度比直通道热沉的大。这是因为凹穴增大了换热面积，同时凹穴产生的二次流与主流混合及边界层中断再发展的共同作用，破坏了流动边界层，使流体产生扰流，增强了传热。当流量从 100mL/min 增加到 200mL/min 时，三种微通道热沉底面温差的增加程度变小，这说明一味地增加流体流量并不能有效地降低微通道热沉的底面温度。

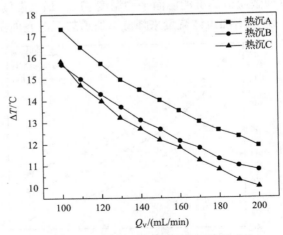

图 5-14　不同微通道热沉的底面温差对比

5.2 微通道热沉的综合性能实验

基于 5.1 节的研究结果，采用 I 形进出口方式、矩形入口槽道、复杂结构微通道可以明显提升微通道热沉的换热性能。本节利用微尺度单相对流传热实验系统，对两种复杂结构微通道热沉的流动换热特性进行实验研究[5]。

5.2.1 微通道热沉 B 的综合性能

1. 实验的有效性验证

首先对矩形微通道热沉 A 进行实验和模拟的有效性验证。加热膜的温度分布由红外热像仪测得；同时其平均温度也可以通过加热膜电阻与温度的关系得到。图 5-15 给出了当 $Q_v=125\text{mL/min}$ 时，在不同加热功率下，矩形微通道热沉 A 的底面平均温度和流体出口温度的实验值、理论值和模拟值，其一致性较好。底面平均温度和流体出口温度的最大误差分别小于 3.5% 和 1.6%。加热膜平均温度的理论值比模拟值大，这主要是由于理论计算是针对单根通道，忽略了轴向导热和流体分配的不均匀性。图 5-16 给出了单个微通道压降的理论值与模拟值的比较，从图中可以看到压降的理论值大于模拟值，最大误差小于 8.6%。这是因为理论计算微通道压降时，定性温度为流体进出口的平均温度，对应的黏度大于实际边界层流体的黏度。图 5-16 还给出了微通道热沉 A 的压降实验值与模拟值的比较，从图中可以看出实验值高于模拟值，最大误差小于 7.2%。

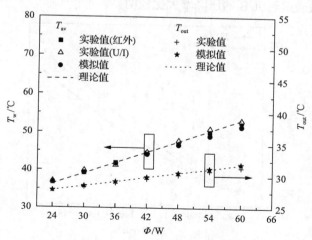

图 5-15 $Q_v=125\text{mL/min}$，微通道热沉 A 的温度验证

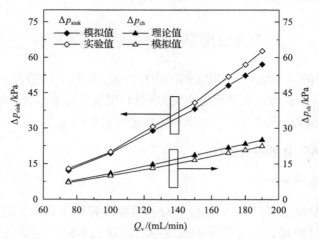

图 5-16　$\Phi=48W$，微通道热沉 A 的压降和微通道压降验证

2. 流动特性分析

图 5-17 给出了当 $\Phi=48W$ 时，两种结构微通道热沉的压降随流量的变化。从图中可以看出，随着流量的增加，微通道热沉的压降也随之增大，且增幅逐渐加大。对于复杂结构微通道热沉 B，由于沿流动方向的通道横截面积发生周期性变化，流体进入凹穴后冲击渐缩壁面，并形成回流再次冲击渐扩壁面形成旋涡，增强了通道内流体的扰动，增大了微通道热沉的压降。随着流量的增加，回流增强，且旋涡向通道中间位置移动，引起主流流体的扰动，增大了流体扰动的强度和扰动范围，因此微通道热沉 B 的压降增大比较明显。

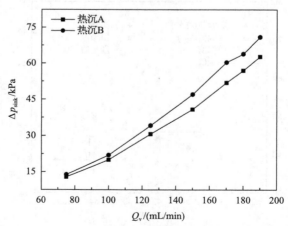

图 5-17　当 $\Phi=48W$ 时，两种结构微通道热沉的压降随流量的变化

图 5-18 给出了在相应条件下，两种结构微通道热沉进出口的局部压降占微通

道热沉总压降的比重随流量的变化。从图中可以看出，随着流量的增加，两种结构微通道热沉进出口的局部压降占热沉总压降的比重增大，甚至大于微通道内部的压降损失。这说明随着流量的增大，入口槽道处的分流和出口槽道处的节流引起了巨大的压力损失。由于微通道热沉的通道长度较短、通道根数较多，因此微通道内的相对压降损失较小。对于微通道热沉 A，进出口槽道的局部压损最高可达 62% 左右，而微通道热沉 B 进出口槽道的局部压损占 50% 左右。这主要是由于微通道热沉 B 沿流动方向的横截面积产生周期性变化，引起了流体流动的周期性变化；流体在凹穴内冲击渐扩渐缩壁面，增强了流体的扰动；边界层周期性地再发展，引起了微通道内部压降的增大，因此进出口的局部压损占比相对较小。

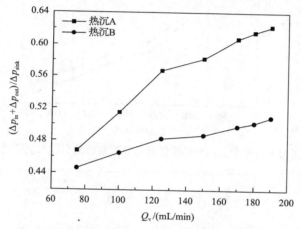

图 5-18　当 Φ=48W 时，两种结构微通道热沉进出口的局部压降占总压降的比重随流量的变化

　　由以上分析可知，对于通道较短的微通道热沉，进出口的局部压损占比较大，所以合理地设计进出口位置及槽道结构至关重要。而对于微通道内压降较大的结构，即复杂结构微通道或通道长度较大的结构，通道内部的压损较大，进出口的局部压损较小。因此，针对这种压降较大的微通道热沉结构，可以通过减小微通道长度、增加微通道根数、减小微通道内的压降，从而减小微通道热沉的压降。

3. 换热特性分析

　　图 5-19 和图 5-20 给出了当 Φ=48W 时，两种结构微通道热沉的底面平均温度和最高温度随流量的变化。从图中可以看到，当流量为 75mL/min 时，微通道热沉 B 的底面平均温度和最大温度均高于微通道热沉 A，即对流换热被恶化了。这是由于当流量较小时，尽管微通道热沉 B 壁面上的凹穴增大了对流换热面积，流体冲击凹穴壁面增强了流体的扰动；但因主流速度较小而不能及时带走凹穴深处的流体，所以出现对流换热的恶化。但随着流量的增加，对流换热效果得到了提

升。微通道热沉 B 的底面平均温度和最高温度均低于微通道热沉 A，这主要是由于随着流量的增加，微通道热沉 B 内的流体流速增大，流体冲击凹穴壁面的作用增强，凹穴回流强度增大、扰动区域增大，增强了主流冷流体与近壁面热流体的混合；且涡向主流区域移动，主流可及时有效地带走凹穴处的热流体；同时凹穴微通道增大了对流换热面积，周期性地再发展边界层，其共同作用增强了对流换热。

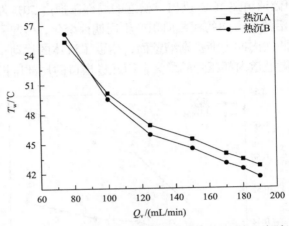

图 5-19　当 Φ =48W 时，两种结构微通道热沉的底面平均温度随流量的变化

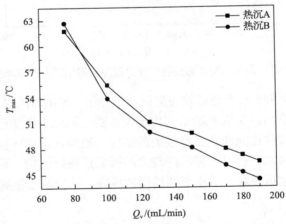

图 5-20　当 Φ =48W 时，两种结构微通道热沉的底面最高温度随流量的变化

图 5-21 给出了当 Q_v =180mL/min 和 Φ =48W 时，两种结构微通道热沉的底面温度分布云图的模拟和实验结果，左边是模拟结果，右边是红外热像仪测量的实验结果，可以看出两者符合较好。比较而言，微通道热沉 B 的底面温度分布较为均匀且温度梯度较小，这是由于微通道热沉 B 周期性地中断和发展边界层，降低了底面温度沿流动方向的升幅。此外，由于加热膜接线处的局部产热，微通道热

沉 A 的左上角和右下角出现了局部高温区。

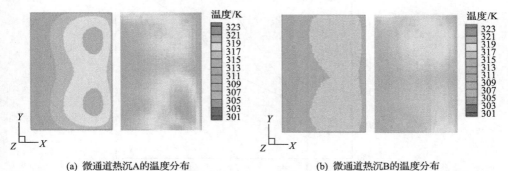

(a) 微通道热沉A的温度分布　　　　　　　　(b) 微通道热沉B的温度分布

图 5-21　当 Q_v = 180mL/min 和 Φ =48W 时，两种结构微通道热沉的底面温度分布云图

图 5-22 为两种微通道热沉的底面局部温度。从图中可以看到，当 y 一定时，沿流动方向随着 x 增大，两种结构热沉的底面温度逐渐升高，但升幅逐渐减小；当 x 一定时，两种结构热沉中间位置 (y=3mm) 的底面温度最低，该位置对应流体流量最大的通道。

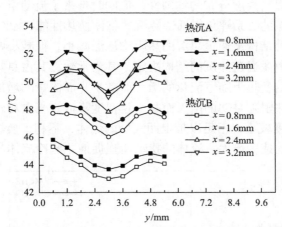

图 5-22　当 Q_v = 100mL/min 和 Φ = 48W 时，两种结构微通道热沉的底面局部温度变化

在实际应用中，通常给定电子器件所能承受的最高温度，因此在不同换热量下，所需工质的最小流量为一个关键的设计参数。图 5-23 给出了当最高温度为 55℃ 时，不同换热量对应热沉所需的最小体积流量。从图中可以看出，随着换热量的增大，为了满足最大温度的限制，所需的流体流量也随之增加。当换热量一定时，微通道热沉 B 所需的工质流量明显低于微通道热沉 A。在本研究的流量范围内，当换热量超过 60W 时，微通道热沉 A 已经无法满足底面最高温度小于 55℃ 的要求，但微通道热沉 B 在高热流密度微电子器件散热方面更有优势。

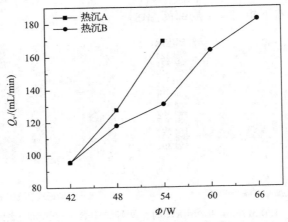

图 5-23 $T_{max}=55℃$，不同换热量下所需的最小流量

4. 性能评价

由以上分析可知，与微通道热沉 A 相比，微通道热沉 B 可以强化对流换热，降低底面温度，提高温度分布的均匀性，但同时带来了流动阻力的增大。因此，以下用泵功与热阻的关系评价微通道热沉的整体换热性能，如图 5-24 所示。随着泵功的增大，两种结构微通道热沉的热阻均逐渐减小，但减小幅度变缓。这主要是因为导热热阻由微通道热沉的结构决定，其为常数，其占总热阻的比重很小，同时对流热阻和熔变热阻随着流量的增大而减小，而流量的增加带来了流阻的急剧增大，因此总热阻随泵功的增大而减小且幅度降低。当泵功较小时，微通道热沉 B 内的主流速度较小，不足以带走凹穴处的流体，不利于换热。但随着泵功的增大，主流流体的速度增大，流体的扰动增强促使主流冷流体与通道近壁面热流

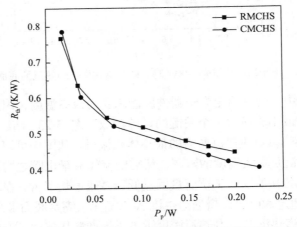

图 5-24 当 $\Phi=48W$ 时，两种结构微通道热沉的热阻随泵功的变化

体混合；同时，微通道热沉 B 增大了有效对流换热面积，周期性地再发展边界层，其共同作用强化了整体换热性能。

5.2.2　微通道热沉 C 的综合性能

1. 流量对流动换热性能的影响

图 5-25 为当体积流量 Q_v=100～200mL/min、加热功率 Φ=48W 时，微通道热沉 C 的底面温度分布云图。从图中可以看出，其温度分布较均匀，而且随着流量的增加，底面温度逐渐降低。温度最高点区域对称分布于流体出口的两侧，主要是因为其相应通道的流量较小。

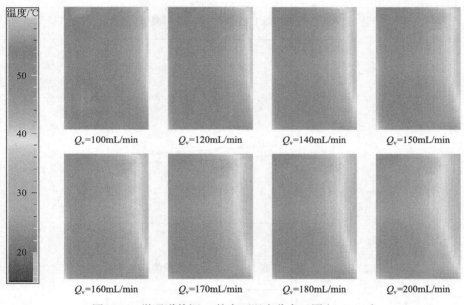

图 5-25　微通道热沉 C 的底面温度分布云图(Φ=48W)

图 5-26 和图 5-27 是微通道热沉 C 的压降和底面平均温度的实验值与模拟值对比。从图中可以看出，压降的实验值小于模拟值，最大误差为 6.5%，这主要是由实验件加工误差所致；底面平均温度的实验值大于模拟值，最大误差为 10.4%，这主要是由加热膜与导线连接处局部生热引起的附近壁面温度升高。

图 5-28 和图 5-29 为微通道热沉 C 的底面最高温度和底面最大温差随流量的变化关系。随着流量的增大，底面最高温度和底面最大温差均不断下降；当流量为 150mL/min 时，底面最高温度为 51℃，底面最大温差为 13.5℃。因此，降低微通道热沉的底面温度要付出流量增加、压降增大的代价。

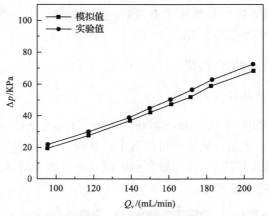

图 5-26　微通道热沉 C 压降的实验值与模拟值对比

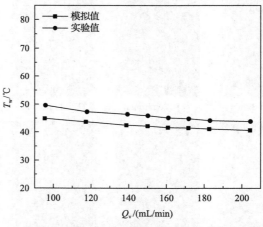

图 5-27　微通道热沉 C 底面平均温度的实验值与模拟值对比

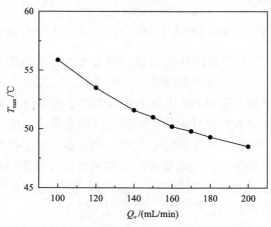

图 5-28　微通道热沉 C 的底面最高温度

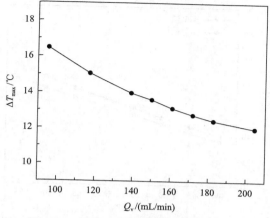

图 5-29　微通道热沉 C 的底面最大温差

2. 加热功率对流动换热性能的影响

图 5-30 为当流量 Q_v=150mL/min，加热功率Φ=20～50W 时，微通道热沉 C 的底面温度分布云图。从图中可以看出，随着加热功率的增大，底面的整体温度升高，温度分布的均匀性有所下降。

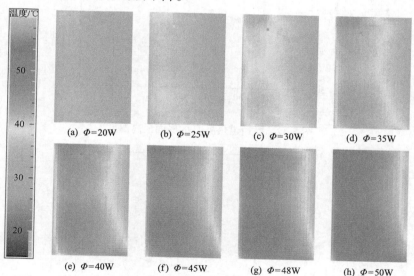

图 5-30　微通道热沉 C 的底面温度分布（Q_v=150mL/min）

图 5-31 为当流量 Q_v=150mL/min 时，微通道热沉 C 的底面平均温度的模拟值与实验值对比。从图中可以看出，随着加热功率的增加，实验值与模拟值的误差增大，最大误差为 6.0%，这主要受电路连接处产生的局部热点的影响。

图 5-32 和图 5-33 为当流量 Q_v=150mL/min 时，微通道热沉 C 的底面最高温度

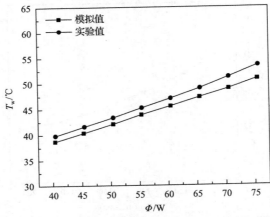

图 5-31　微通道热沉 C 底面平均温度的实验值与模拟值对比

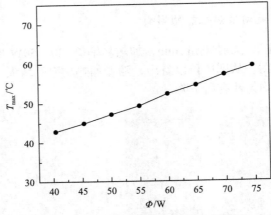

图 5-32　微通道热沉 C 的底面最高温度

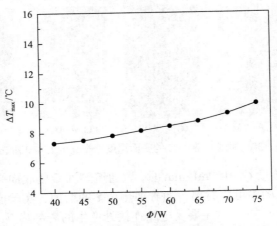

图 5-33　微通道热沉 C 的底面最大温差

和底面最大温差随加热功率的变化关系。从图中可以看出，随着加热功率的增加，底面最高温度和最大温差均逐渐增大，且底面最高温度与加热功率大致呈线性关系。

5.3　本　章　小　结

本章从微通道热沉的流体进出口方式、进出口槽道的形状、微通道结构的形式三个方面，对复杂结构微通道热沉进行优化设计，并对两种复杂结构微通道热沉的综合性能进行了实验研究。结论如下。

(1)采用I形流体进出口方式的微通道热沉在流体流量分配与传热性能上均具有一定优势。

(2)矩形进出口槽道微通道热沉的流量分配不均匀度最小，三角形槽道微通道热沉的流量分配不均匀度最大，对称梯形介于二者之间。

(3)与矩形微通道 A、复杂结构微通道 B 相比，复杂结构微通道 C 的底面最高温度和底面最大温差均较小，换热性能最好，且压降增幅不大。

(4)实验研究了复杂结构微通道热沉 B、复杂结构微通道热沉 C 的综合性能，获得了微通道结构形式、流体流量、加热功率等参数对热沉性能的影响规律。

参　考　文　献

[1] Lalota S, Florentb P, Langc S K, et al. Flow maldistribution in heat exchangers[J]. Applied Thermal Engineering, 1999, 19(8): 847-863.

[2] Commenge J M, Falk L, Corriou J P. et al. Optimal design for flow uniformity in microchannel reactors[J]. AIche Journal, 2002, 48(2): 345-358.

[3] Jorge F, Gruss J A. Flow Distribution in a Network of Minichannels: Simulation and Experiment[C]. Toulouse: SHF-Microfluidics. 2006.

[4] Xia G D, Jiang J, Wang J, et al. Effects of different geometric structures on fluid flow and heat transfer performance in microchannel heat sinks[J]. International Journal of Heat and Mass Transfer, 2015, 80: 439-447.

[5] Xia G D, Ma D D, Zhai Y L, et al. Experimental and numerical study of fluid flow and heat transfer characteristics in microchannel heat sink with complex structure[J]. Energy Conversion and Management, 2015, 105: 848-857.

第 6 章　歧管式微通道热沉结构设计

目前普遍公认的具有代表性的两种微通道冷却热沉是传统微通道型(traditional microchannel type, TMC)和歧管式微通道型(manifold microchannel type, MMC)[1,2]。在冷却狭长型发热器件方面，与 TMC 热沉相比，MMC 热沉具有很大的优越性。本章设计开发了优化设计软件，对 MMC 热沉进行了优化设计，并开展了相关的实验研究；同时基于流体横掠针肋阵列对流换热理论，提出了歧管式流体横掠微针肋阵列热沉的设计理念。

6.1　优化设计软件开发

6.1.1　优化方法

影响微通道热沉性能的因素主要有冷却介质和热沉制造材料的物理性质，包括微通道长度、宽度和深度、翅片厚度、冷却剂进出口宽度等。研究表明，在指定的工艺要求下，对 MMC 热沉而言，存在最优的结构参数，以使热沉的性能最佳。这些结构参数分别是微通道的长度、宽度、深度、翅片的厚度、微通道底板的厚度(相当于均热片的作用)、流体进出口宽度等 7 个独立变量。

对热沉性能的评价可分为两种，一是指定需要达到的热阻，设计最优结构，以使运行费用最低，即泵功最小；二是在已知泵功的情况下，设计最优结构，使热阻最小。约束条件是热沉表面的温差要小于限定值。

对应的优化方法如下。

(1)以热阻(或热沉表面温升)作为等式约束条件，以热沉表面温差、结构参数的取值范围作为不等式约束条件，泵功作为优化目标函数值进行最优化设计。

(2)以泵功作为等式约束条件，以热沉表面温差、结构参数的取值范围作为不等式约束条件，热阻(或热沉表面温升)作为优化目标函数值进行最优化设计。

在优化微通道结构尺寸的计算过程中，指定表面温升和指定泵功所对应数据的计算方法如下。

(1)根据合理的初始流量或上次的计算结果计算表面温升和泵功。

(2)根据指定表面温升或指定泵功与(1)的计算结果试探另一个合适的流量并计算表面温升和泵功。

(3)根据指定表面温升或指定泵功与(1)和(2)的计算结果对流量进行线性插

值，并做适当缩放，用插值所得流量再次计算表面温升和泵功。

（4）根据指定表面温升或指定泵功与前三次的计算结果对流量、泵功、热沉表面温升和表面温差做二次插值。

（5）如果计算结果不满足精度要求，那么用插值所得的流量再次进行计算，舍弃离指定目标值最远的点，重复（4），直到计算结果小于给定精度。

在本章中，目标函数值调用 Fluent 软件计算，因此不论是哪个等式约束条件，都要先假设一个流量值进行试算，并做一次或二次插值，直到满足精度要求，可见计算量非常大。

6.1.2 优化算法

优化算法是使目标函数在控制条件下达到最小值的方法。一般来说，在目标函数参数的全局范围内求最小值是很困难的，目前广泛采用的是两种标准的启发式方法：一是从独立自变量的各种不同初值开始，求出所有局部极小值，然后从中选出最小值；二是对局部极小值以一有限步长的扰动，然后分析由此计算出来的结果，是稍有改进，还是"一直"保持不变。

对于极值的算法，目前有两种方法可供选择[3]。

（1）直接方法：只需计算目标函数值，这种方法对工程中高度非线性或目标函数的导数无法显式表示的工程问题是非常有效的。较常用的算法有 Powell 法、模式搜索法、单形调优法、复形调优法等。

（2）使用导数的优化方法：在每次迭代中，通过计算导数来确定一维搜索的方向。较常用的算法有 Newton 法、共轭梯度法、变度量法等。对于无法显式表示目标函数导数极值的问题，一般是在每次迭代过程中再进行一系列的子迭代，以求出目标函数在该点导数的数值逼近解。因此，每次迭代对函数值的计算次数要大为增加，但使用此方法的收敛速度快，尤其是当变量的变化空间较大时，这种方法的效率很高。

对于本章采用的目标函数值的算法而言，由于每次计算的开销较大，所以应尽量减少目标函数的计算次数，即使算法的收敛速度相对较慢。根据已有的经验一般、目标函数的搜索范围很窄，本章选用复形调优法作为优化算法。这种算法的目标函数值的下降速度虽然较慢，但对于本章的优化问题，它应该是一种功能很强的算法，而且该算法可以求解等式与不等式约束条件下的 n 维极值问题。

设多变量目标函数为 $F = f(x_0, x_1, \cdots, x_{n-1})$，$n$ 个常量约束条件为 $a_i \leqslant x_i \leqslant b_i$，$i=0, 1, \cdots, n-1$，$m$ 个函数约束条件为

$$C_j(x_0, x_1, \cdots, x_{n-1}) \leqslant W_j(x_0, x_1, \cdots, x_{n-1}) \leqslant D_j(x_0, x_1, \cdots, x_{n-1}), j=0, 1, \cdots, m-1 \qquad (6\text{-}1)$$

求 n 维目标函数 f 的极小值点和极值点。

复形共有 $2n$ 个顶点。假设给定初始复形中的第一个顶点坐标 $X_{(0)} = (x_{00}, x_{10}, \cdots, x_{n-1,0})$ 满足 n 个常量约束及 m 个函数约束条件。迭代过程如下[4]。

(1)在 n 维变量空间中利用伪随机数产生满足 n 个常量约束条件的其余 $2n-1$ 个顶点，然后调整不满足函数约束条件的顶点，直到全部顶点满足所有约束条件，计算各顶点的目标函数值。

(2)确定最坏点，即函数值最大的点 $X_{(R)}$：

$$f_{(R)} = f(X_{(R)}) = \max_{0 \leqslant i < 2n-1} f(X_{(i)}) \tag{6-2}$$

$$f_{(G)} = f(X_{(G)}) = \max_{\substack{0 \leqslant i < 2n-1 \\ i \neq R}} f(X_{(i)}) \tag{6-3}$$

(3)计算最坏点 $X_{(R)}$ 的对称点：

$$X_{(T)} = (1+\alpha)X_{(F)} - \alpha X_{(R)} \tag{6-4}$$

式中，$X_{(F)}$ 为除 $X_{(R)}$ 外的其余 $2n-1$ 个顶点的重心；α 为反射系数，一般取 1.3 左右。

(4)确定一个新顶点来代替最坏点 $X_{(R)}$ 以构成新的复形，且满足所有变量约束条件。其方法如下。

如果 $f(X_{(T)}) > f(X_{(G)})$，那么用式 $X_{(T)} = (X_{(T)} + X_{(F)})/2$ 修改 $X_{(T)}$，直到 $f(X_{(T)}) \leqslant f(X_{(G)})$ 为止。然后检查 $X_{(T)}$ 是否满足所有约束条件，如果不满足，对不满足的坐标参照常量约束条件进行适当缩放。

如果 $X_{(T)}$ 不满足函数约束条件，那么用式 $X_{(T)} = (X_{(T)} + X_{(F)})/2$ 修改 $X_{(T)}$。重复(4)直到 $f(X_{(T)}) \leqslant f(X_{(G)})$，且 $X_{(T)}$ 满足所有约束条件为止。此时令 $X_{(R)} = X_{(T)}$，$f_{(R)} = f(X_{(T)})$，重复(2)～(4)，直到复形中各顶点函数值的样本均方差小于预先给定的精度要求为止。

本章的约束条件如下。

(1)各自变量满足常量约束：$a_i \leqslant x_i \leqslant b_i$。

(2)进出口宽度满足函数不等式约束，即

进口宽度+出口宽度+分配器的最小宽度＜微通道的长度

6.1.3 惩罚函数

复形调优法虽然能求解约束条件下的最优化问题，但针对本章的具体情况，热沉表面温差的约束不能用自变量的函数显式表示，故是否满足约束条件必须在目标函数求解之后才能判断。因此，本章对表面温差约束使用惩罚函数法。

对于不等式约束问题，即

$$\min f(x), \quad x \in R^n$$
$$\text{s.t.} \quad c(x) \leqslant 0 \tag{6-5}$$

其惩罚函数定义为

$$P(x,\sigma) = \begin{cases} f(x), & c \leqslant 0 \\ f(x) + \dfrac{\sigma}{2}\big[c(x)\big]^2, & c(x) > 0 \end{cases}$$

$$= f(x) + \frac{\sigma}{2}\big(\max\{0, c(x)\}\big)^2 \tag{6-6}$$

对于一般的不等式约束问题，其惩罚函数定义为

$$P(x,\sigma) = f(x) + \sum \frac{\sigma_i}{2}\big(\max\{0, c_i(x)\}\big)^2 \tag{6-7}$$

式中，σ 为惩罚因子。可以期望，当 σ 充分大时，无约束问题 $\min P(x,\sigma)$ 的最优解接近约束问题的最优解 x^*。

对于一般约束问题，除非它的最优解 x^* 也是一个无约束问题的最优解，通常 x^* 总位于可行域的边界上，因此采用惩罚函数法得到的无约束问题的最优解通常均位于可行域的外部。

σ 是一个非常关键的数，若太小则收敛太慢，若太大则 $P(x,\sigma)$ 通常是一个病态函数，即其 Hesse 矩阵 $\nabla_x^2 P(x^k,\sigma_k)$ 的条件数非常大，这给无约束问题的求解带来了困难。

本章使用的惩罚函数是

$$P(x) = f(x) + \frac{1}{2}\sigma\Big(\max\big\{0, (\Delta T_{smax} - \Delta T_{smax0})\big\}\Big)^2 \tag{6-8}$$

式中，ΔT_{smax} 为计算目标函数值 $f(x)$ 后的热沉表面温差；ΔT_{smax0} 为用户设置的允许热沉表面的最大温差。

图 6-1 是对计算结果实施惩罚的图例，$\Delta T_{smax0} = 1.0℃$。用上述算法能很快收敛到图 6-1 的最优点附近。

6.1.4　优化程序设计

本节针对高热通量 MMC 热沉设计了通用的结构最优化设计程序，即通过图

形用户界面提供液固物性数据、热流密度、网格划分方案、层流/湍流转变雷诺数、约束条件、优化算法，最后给出最优的结构设计参数，并用 OpenGL 编写加热表面的温度三维分布图。程序采用 C++Builder 编写，调用 Fluent 软件计算流场和温度场。

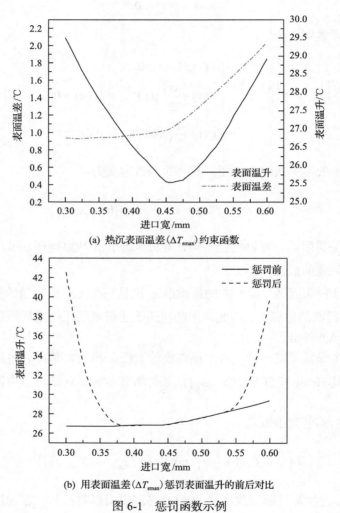

(a) 热沉表面温差 (ΔT_{smax}) 约束函数

(b) 用表面温差 (ΔT_{smax}) 惩罚表面温升的前后对比

图 6-1　惩罚函数示例

1. 面向对象的程序设计

为了程序的简洁、清晰、健壮，本章将用户设置、优化、流场和温度场的计算、后端处理等功能封装为多个对象，并通过公共数据块和数据链表在各个对象之间传递公用信息。

2. 多线程

多线程是现代操作系统的重要特征，在多任务操作系统环境下，一个应用程序可以有多个进程，每个进程可以有多个线程。进程是一个程序的执行过程，线程是在进程基础上的进一步细分，一个进程的线程共享进程所具有的系统资源是系统分配 CPU 资源的基本模块。应用多线程技术可改进程序的实时响应能力，从而提高系统资源的利用率。

每次求解目标函数对流场和温度场的计算都要花费很长时间，为了增强程序的交互性并及时响应用户的操作，程序采用多线程技术，即将优化计算设置为一个独立的线程，由操作系统直接调度。这样，当计算机在进行较费时的流场和温度场的计算时，用户可查看中间结果、底板温度分布、迭代收敛情况等信息，并可做其他工作。通过随时对目标函数的求解线程设置不同的优先级，用户可控制数值计算对系统资源的占用率。当用户占用系统进行其他工作时，可降低目标函数计算线程的优先级甚至暂停，以提高系统的响应速度，从而不影响用户的工作；当用户离开时便提高优先级，使数值计算占用全部系统可提供的资源，全速运行。

3. 流程图

优化算法流程图见图 6-2。

4. 图形界面

优化主程序界面如图 6-3 所示，应用方法如下。

1）选择工作目录

中间结果将保存在工作目录中，如果是不正常中断，可重新启动程序，设置工作目录到该目录下并从断点处继续运行（设置的其他参数要与中断前的参数相同）。

2）设置结构参数

程序可对通道长度、宽度、深度、进口宽度、出口宽度、翅片厚度、底板厚度等设计参数进行优化设计。如果要对某几个结构参数进行优化，只需设置相应参数的最大值和最小值即可，不优化的参数的最大值和最小值必须相同，初始值必须在最大值和最小值之间或与其相等。初始网格数是针对各设计参数的初始尺寸设置的，在优化计算过程中，搜索参数变化后的网格数会参照初始尺寸和初始网格数做适当的调整，网格调整幅度随尺寸调整幅度的增大而减小。数值模拟是针对第 2 章介绍的一个计算模型，操作参数中的总流量和泵功是针对全部通道而言的，指定制作面积后，程序将根据一个计算模型所占用的制作面积换算出全部通道内的总流量和所消耗的全部泵功，界面如图 6-4 所示。

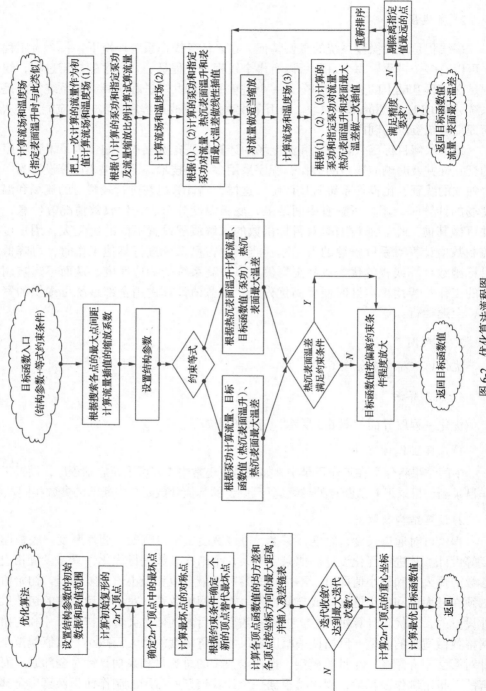

图 6-2　优化算法流程图

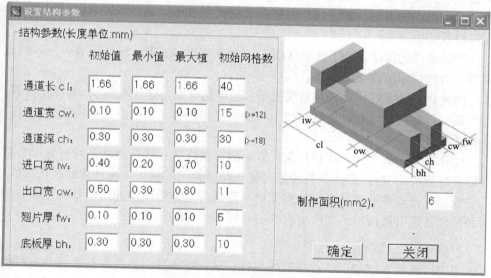

设置结构参数　　物性数据　　算法设置　　暂停/继续　　空闲时运行　　　　表面温度分布图(3D)

选择工作目录　　　边界条件　　运行　　高速运行　　优化残差曲线　　中间计算结果显示区

	通道长[mm]	通道宽[mm]	通道深[mm]	翅片厚[mm]	进口宽[mm]	出口宽[mm]	总流量[ml/	通道流速	通道Re	泵功[W]	压降[bar]	最大温差[℃]	平均温差[℃]	底板温差[℃]
56	1.6600	0.1116	0.4066	0.1000	0.6814	0.6103	7.9277	10.2277	1778	1.1041	1.3927	34.2820	33.7550	0.7550
57	1.6600	0.1116	0.4066	0.1000	0.6814	0.6103	9.9096	12.7847	2223	2.0849	2.1039	31.5630	31.0759	0.6930
58	1.6600	0.1116	0.4066	0.1000	0.6814	0.6103	10.3771	13.3878	2328	2.3784	2.2919	31.0470	30.5646	0.6930
59	1.6600	0.1116	0.4066	0.1000	0.6814	0.6103	11.7011	13.3878	2328	3.6000	2.2919	29.8452	30.5646	0.7233
60	1.6600	0.1116	0.4066	0.1000	0.6814	0.6103	11.7011	13.3878	2328	3.6000	2.2919	29.8452	30.5646	0.7233
61	1.6600	0.1136	0.4364	0.1000	0.4777	0.5461	11.7011	13.9475	2497	3.2014	3.2049	27.6478	1.7570
62	1.6600	0.1136	0.4364	0.1000	0.4777	0.5461	9.3609	11.1580	1998	1.9504	2.0835	30.7290	29.7820	1.7080
63	1.6600	0.1136	0.4364	0.1000	0.4777	0.5461	11.5108	13.7206	2456	3.5599	3.0927	28.7860	27.7987	1.7550
64	1.6600	0.1136	0.4364	0.1000	0.4777	0.5461	11.5528	13.7206	2456	3.6000	3.0927	28.7528	27.7987	1.7555
65	1.6600	0.1136	0.4364	0.1000	0.4777	0.5461	11.5528	13.7206	2456	3.6000	3.0927	39.6137	27.7987	1.7555
66	1.6600	0.1099	0.3413	0.1000	0.6416	0.4822	11.5528	17.8835	2953	4.3719	4.3036	29.0290	28.1466	1.3210
67	1.6600	0.1099	0.3413	0.1000	0.6416	0.4822	9.2423	14.3068	2363	2.5919	2.8044	31.5280	30.6466	1.3800
68	1.6600	0.1099	0.3413	0.1000	0.6416	0.4822	10.2210	15.8218	2613	3.4756	3.4004	30.3550	29.4733	1.3520
69	1.6600	0.1099	0.3413	0.1000	0.6416	0.4822	10.3473	15.8218	2613	3.6000	3.4004	30.2158	29.4733	1.3487
70	1.6600	0.1099	0.3413	0.1000	0.6416	0.4822	10.3473	15.8218	2613	3.6000	3.4004	35.4841	29.4733	1.3487
71	1.6600	0.1195	0.4742	0.1000	0.5275	0.5849	10.3473	11.0981	2102	1.9598	1.8930	31.0780	30.2473	1.4660
72	1.6600	0.1195	0.4742	0.1000	0.5275	0.5849	12.9341	13.8602	2628	3.7526	2.9013	29.0260	28.1690	1.4770

图 6-3　主程序界面图

设置结构参数

结构参数(长度单位:mm)

	初始值	最小值	最大植	初始网格数
通道长 cl:	1.66	1.66	1.66	40
通道宽 cw:	0.10	0.10	0.10	15 (>=12)
通道深 ch:	0.30	0.30	0.30	30 (>=18)
进口宽 iw:	0.40	0.20	0.70	10
出口宽 ow:	0.50	0.30	0.80	11
翅片厚 fw:	0.10	0.10	0.10	5
底板厚 bh:	0.30	0.30	0.30	10

制作面积(mm2):　　　6

确定　　　关闭

图 6-4　设置结构参数对话框

3) 设置物性参数和边界条件

可根据所使用的各种气体或液体冷却介质设置相应的物性数据,固体物性数据是针对热沉制作材料而言的,故只需设置导热系数即可。初始流量是开始计算的一个预估值,合适的值可减少第一步的迭代次数,但对最终的计算结果没有影响。热流密度是制作面积与热流量的比值，它决定了热沉的热负荷。界面如图 6-5 所示。

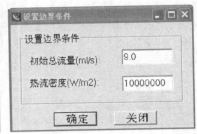

图 6-5　设置物性参数和边界条件对话框

4) 算法设置

残差控制和松弛因子是针对流场和温度场控制方程的迭代计算而言的，残差越小，计算精度越高，计算时间越长；松弛因子越大，收敛速度越快，但有可能导致迭代发散。一般情况下，残差控制和松弛因子使用缺省值即可。

离散格式可选择高阶格式和一阶迎风格式。高阶格式表示动量方程用二阶迎风格式、能量方程用 QUICK 格式迭代。一阶迎风格式的精度较低，但计算速度快、易收敛，若只是预估设计参数或高阶格式发散导致不合理的结果，可用一阶迎风格式。

当通道内的雷诺数大于层流/湍流转变的雷诺数时，程序将使用 RNG k-ε 湍流模型，否则使用层流模型计算。

内迭代的最大迭代次数是每次流场和温度场计算的迭代次数。作为优化搜索，计算表明每次对流场和温度场迭代 100 次就已经足够了，次数太多则速度太慢，而精度却没有多少提高。

优化控制的最大计算步数是优化算法的搜索次数，优化精度是控制复形各点目标函数值的均方差。最大计算步数和优化精度共同控制了优化计算的迭代次数。

数据来自文件选项是专门针对流动与传热理论分析而设置的，每次计算的结构和操作参数可从指定的文件中读取。界面如图 6-6 所示。

5) 运行

点击"运行"按钮后，程序开始运行。运行结束后，最后一行数据就是最优结果。由于优化算法的运行时间长，因此为了程序使用方便，设置了"暂停/运行"按钮，可使优化程序暂停，将计算机资源让给其他程序，也可让优化程序在计算机空闲时运行。选择高速运行将使优化程序占用所有可用的计算机资源，此时计算机对用户操作的响应将变得非常慢。当"高速运行"和"空闲运行"两按钮都弹起时，程序以正常速度运行。

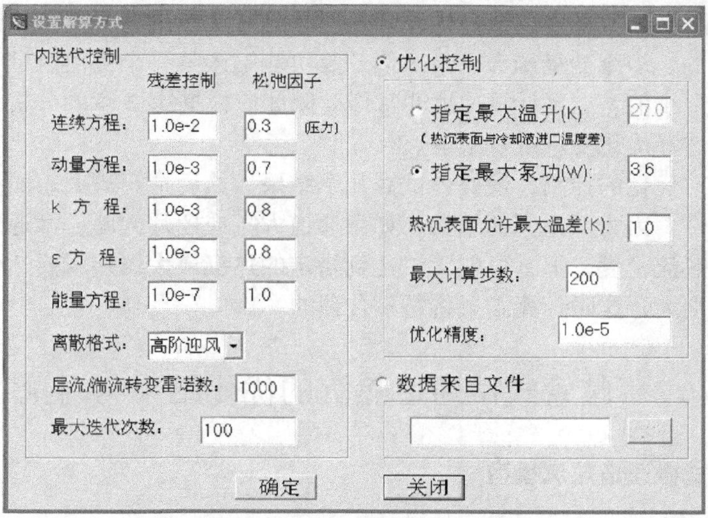

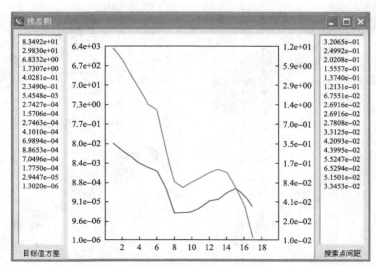

图 6-6　设置优化算法对话框

6) 计算结果保存

计算的任何时候都可将中间结果保存为 Excel 文件，因此可以选择保存所有中间结果用于分析，也可抛弃对流量搜索的中间结果，只保存对目标函数搜索的中间结果，以便于分析优化搜索的计算过程。

其中，2)、3)、4)必须正确设置，否则程序将不能运行或得到错误结果。

图 6-7 是迭代残差监视窗口，用户可根据迭代收敛情况判断优化搜索过程是否正常。

图 6-7　迭代残差监视窗口

理论上所有参数都可以做最优设计，但是由第 5 章的分析可知，这些参数是高度非线性的，多维变量函数求最小值一是可能陷入某一个极值区域，求得的极值并非全域最小值，二是计算速度非常慢。因此应根据第 3 章的分析，针对不同情况合理地选择优化变量进行求解。

另外，对优化的控制，最好先试算几个结果，然后指定最大表面温差或泵功作为约束条件。因为对不同的结构，如微通道太宽或翅片太厚，微通道热沉根本无法承受高热流密度，那么可能无法达到指定的热沉最大温差或要达到则微通道内的流速特别大，这时计算结果将是不合理的。

6.2　歧管式微通道热沉的优化结果与讨论

6.2.1　歧管式微通道热沉模型

研究对象为冷却狭长型发热器件的 MMC 热沉[5]。例如，大功率半导体激光器阵列 (LDA) 由多根 10mm×1mm 二极管激光条在有限的空间叠加而成。热沉由 5 片厚 0.3mm 的铜片焊接而成，其包含四组微通道的 MMC 热沉传热部分的结构如图 6-8 所示，冷却液进入热沉后经分配器折流进入各微通道，与固体壁面换热后流出。MMC 优化设计的目标是：给定热阻，使泵功最小。以泵功作为优化限制条件比压降作为限制条件更能反映实际情况，当泵功固定时，冷却液流量不是固定的，而是随系统阻力而变化的。

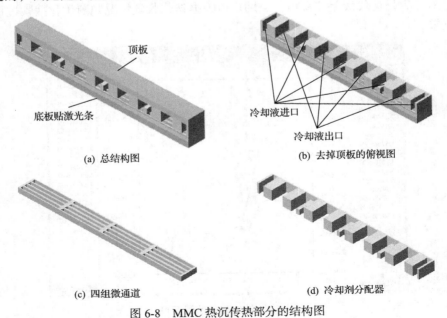

(a) 总结构图　　　　　　　　　　(b) 去掉顶板的俯视图

(c) 四组微通道　　　　　　　　　(d) 冷却剂分配器

图 6-8　MMC 热沉传热部分的结构图

先设定合理的结构和冷却液流量，在计算结果中用三次分段插值计算给定热阻对应的冷却液流量和压降。当在 10mm×1mm 的区域上制作微通道时，指定的结构尺寸不一定刚好能制作整数条微通道，此时先不对数据取整，以此算出各通道的流量，待优化后制作时再圆整[6]。

6.2.2　模型验证

采用本章计算方法所得结果与文献[6]、[7]所提供数据的比较见表 6-1。本章泵功比文献[6]的数据大，是因为文献[6]简化了流体进出口路径，且网格较稀；本章模拟的压降比文献[7]小，这可能与本章采用了对进出口宽度优化后的数据（即进口宽 0.35mm、出口宽 0.5mm）有关。从中可以看出，本章计算的热阻与两文献数据符合得很好，故此方法可行。

表 6-1　采用本章计算方法所得结果与文献[6]、[7]所提供数据的比较

	Re	ΔT_{max}/℃	热阻/(℃/W)	压降/×10⁵Pa	泵功/W	数据来源
文献[6]	91		0.0310		2.56	数值模拟
本章计算			0.0317		3.44	
文献[7]	2576	27	0.44	5		实验结果
本章计算		26.9	0.45	4.1		

6.2.3　通道组数与泵功的关系

在给定总流量的条件下，通道组数会影响单个通道的流速，从而影响热阻和泵功。底板最高温度相对于冷却液入口温升 ΔT_{max} 不变。控制 ΔT_{max} 分别为 15℃、16℃、18℃、20℃，数据采用光滑不等距插值法从数据表中取得，其关系如图 6-9 所示。

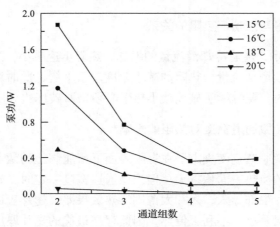

图 6-9　通道组数与泵功的关系

6.2.4　进出口宽度对热阻和泵功的影响

　　流体由分配器进入单个微通道时的速度方向与底板垂直，射流冲击传热强度随速度增加。减小进口宽度可增大射流速度，以有利于强化传热，但进口阻力也随之增大，同时分配器因流道变窄而阻力增加。出口宽度主要影响出口压降，但在微通道出口部分的流体速度逐渐降低，对传热不利，并增加了底板的温差。因此，对于特定长度的微通道，存在一个优化的进出口宽度。图 6-10 为 4 组通道进出口宽度对热阻和泵功的影响（I：进口宽度，O：出口宽度）。文献[7]认为，冷却液流经热沉时的总压降中 10%是由微通道引起的，90%的损失产生于通道转弯处，其中 13%为摩擦损失，26%为流体陡然交汇，61%为流体在直角通道改向。因此，压降对进出口流速、进出口宽度特别敏感。

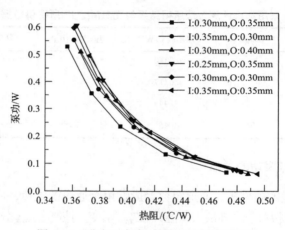

图 6-10　进出口宽度对热阻和泵功的影响

6.2.5　冷却液流量与泵功、热阻的关系

　　如图 6-11 所示，随着冷却液流量的增加，热阻迅速减小，当冷却液流量增大到一定程度后继续增加流量，热阻的减小幅度趋于平缓，此时对流换热的阻力主要集中在边界层内，要继续明显地减小热阻必须采取破坏边界层的方法。

6.2.6　翅片厚度和微通道宽度对热阻的影响

　　翅片厚度和微通道宽度决定了在有限表面上所能制作的微通道总数，尺度越小，单位体积内的换热表面积越大。但当微通道宽度一定时，翅片厚度并非越小越好。热量由翅片根部导入，翅片太薄则导热效果差，翅片表面温度梯度大，上表面对流换热的温差小，不利于传热，因此存在最优的翅片厚度。当翅片厚度一定时，通道越窄越好。就通常的制作工艺而言，翅片厚度和通道宽度是同一尺寸，因此二者尺寸越小越好，如图 6-12 所示。但这样也会带来一些实际问题，如通道加工困难、制造费用高、易被异物堵塞而可靠性降低等。因此实用的微通道热沉尺寸一般都大于 0.1mm[8]。

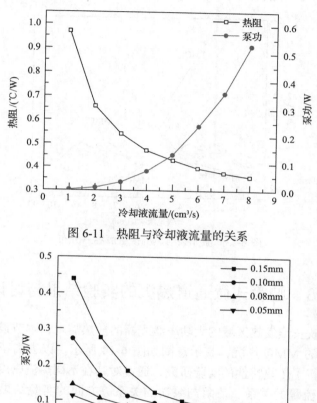

图 6-11　热阻与冷却液流量的关系

图 6-12　当翅片和通道尺寸相同时热阻与泵功的关系

6.2.7　底板温度分布

图 6-13 给出了激光条与 MMC 热沉接触表面温度分布的计算结果，其中通道组数分别为 2、3、4、5 四种情况。图中每个峰为一组通道，纵坐标为激光条横向方向相对于流体入口温升的平均值。峰谷中间部分的 0.2mm 为两组通道之间的铜壁，其两侧为冷却液入口的射流冲击区，因而表现出较低的温度。峰的中部为流体的出口部分，两股流体在此交汇，温度有所降低。从图中可以看出，通道组数

越多，激光条与 MMC 热沉接触表面温度分布变化的幅值越小。图 6-13 还给出了激光条与 TMC 热沉接触表面温度分布的计算结果，该温度分布变化很大。这表明，在恒定流率和泵功下，与 TMC 热沉相比，MMC 热沉是减小热源最高温度、降低温度变化的有效方法，其具有很大的优越性。

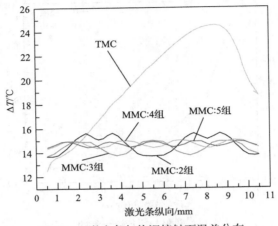

图 6-13　激光条与热沉接触面温差分布

6.3　歧管式微通道热沉的实验结果与讨论

　　针对具有狭长型发热区域的大功率激光器的散热需求，本节设计并加工了包含三组微通道的 MMC 热沉，其示意图如图 6-14 所示。以去离子水为工质，对 MMC 热沉进行了传热特性的实验研究，通过对其在不同热流密度下微通道热沉的热阻与工质流量的关系、热阻与泵功的关系等方面的实验结果进行分析，为 MMC 热沉整体性能的评估提供了理论和实际依据。

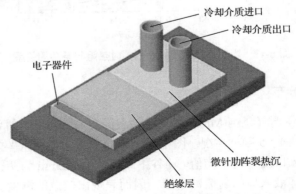

图 6-14　MMC 热沉用于狭长型电子器件散热的示意图

6.3.1　歧管式微通道热沉的加工

选用无氧铜片作为 MMC 热沉基材进行加工。从上到下五层结构尺寸为 30mm×11mm×0.3mm 的无氧铜片分别作为 MMC 热沉的传热片、回液片、导流片、进液片和过流片，将其叠加封装并切割后即获得 MMC 热沉，如图 6-15（a）所示。

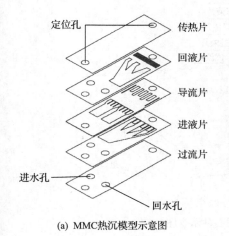

(a) MMC热沉模型示意图　　　　　　　　　(b) MMC热沉照片

图 6-15　MMC 热沉

如图 6-15（b）所示，MMC 热沉每个零部件的两端均有两个定位孔以便于对其进行封装定位，底层底板上的左右两个孔分别是实验工质的进水孔及回水孔。微通道阵列位于回液片上，三组并联的微通道各由五条等间距且相互平行的微通道（长为 3mm，宽为 200μm，间距为 150μm）组成，如图 6-16 所示。采用电加热膜作为热源模拟电子器件发热，电加热膜与热沉之间采用二氧化硅作为绝缘层，其区域与微通道相对应。

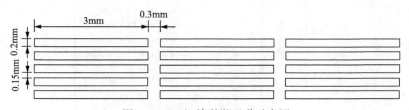

图 6-16　三组并联微通道示意图

MMC 热沉实验件的封装模型如图 6-17 所示。导流模块以透明的有机玻璃制成，使得实验运行时易于实现工质流动的可视化。采用精密的数控机床在其内部分别加工出两条截面及深度均相等的转换流道（长为 8mm，直径为 1mm），两条转换流道均垂直于微通道热沉并各自与微通道热沉端点相连；同时为了连接导流模块上的进出口，在导流模块的内部水平加工出两条截面和长度均相等的导流槽道（长为 20mm，直径为 2mm）及两个直径为 0.8mm 的取压孔以测量进口处的压力；最后，在导流模块上加工两个直径为 2.5mm 的定位销以便于对热沉基板的封装。实验系统采用单相对流换热测试系统。

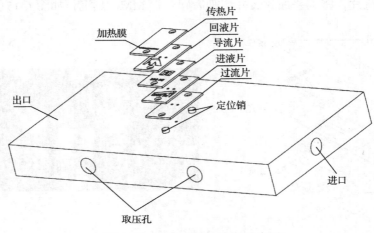

图 6-17　MMC 热沉封装件示意图

6.3.2　结果分析与讨论

图 6-18 给出了在不同热流密度下，MMC 热沉的热阻随流量的变化关系。从图中可以看出，在给定的热流密度下，热沉的热阻随着流量的增大而逐渐减小；且流量越大，热阻的变化曲线越趋于平缓。在给定流量下，热阻随热流密度的增大而减小，但减小幅度逐渐降低。

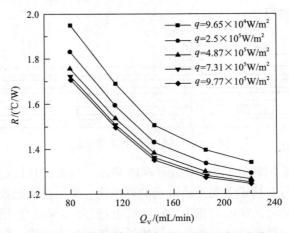

图 6-18　不同流量下热沉的热阻随流量的变化

图 6-19 给出了热阻与泵功的关系。在恒定的热流密度下，微通道热沉的热阻随着泵功的增大而逐渐减小；泵功越大，热阻与泵功的关系曲线越平缓。这说明当热阻减小到一定程度后，仅依靠增加泵功的消耗(即增大冷却工质的总流量)已无法实现有效降低热阻的目的，反而还会影响整个散热系统运行的经济性。

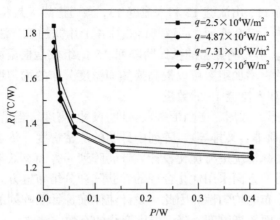

图 6-19　不同热流密度下，泵功与热阻的变化关系

6.4　歧管式流体横掠微针肋阵列热沉

在 MMC 热沉的基础上，基于流体横掠针肋阵列对流换热理论，提出了歧管式流体横掠微针肋阵列热沉[9]。其特征在于，如图 6-20 所示，包括有依次重叠封

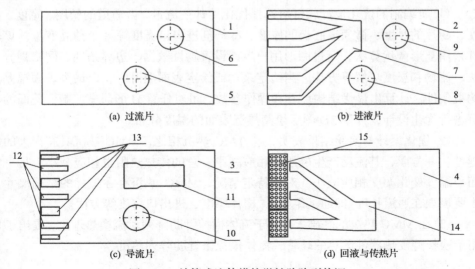

图 6-20　歧管式流体横掠微针肋阵列热沉

装在一起的过流片 1、进液片 2、导流片 3、回液与传热片 4；过流片 1 上开有与外部管路连接的流体出口 5 和流体入口 6；进液片 2 上设有进液通道 7，在与过流片 1 上的流体出口 5 和流体入口 6 相对应的位置分别开有流体出口 8 和流体入口 9；上导流片 3 在与过流片 1 上的流体出口 5 相对应的位置也设有流体出口 10，其上还设有导流桥 11、出流缝 12 和入流缝 13，微通道热沉封装后导流桥 11 可将进液通道 7 和流体入口 9 连通；回液与传热片 4 上用微加工方法制作出流通道 14 和微针肋阵列 15。本发明提出的微针肋阵列 15 的组数是根据被冷却器件对温度分布的要求设计的，增加组数可以提高换热面温度分布的均匀性，但是需要相应地增加出流缝 12 和入流缝 13 的数量。

针肋形状（圆形、方形、三角形等）、针肋尺寸（高度、当量直径等）、阵列中针肋的排列方式（顺排、叉排等）、阵列中针肋的疏密程度、传热面上针肋阵列的组数等均可根据实际情况进行优化设计。针肋阵列一方面有效拓展了传热面，提高了传热效率；另一方面采用优化合理的针肋阵列分组布置方式，极大地提高了被冷却表面温度分布的均匀性。因此，设计流体横掠针肋阵列的微型换热器是降低发热器件传热表面最高温度、降低温度变化的有效方法之一。

6.5　本 章 小 结

本章针对 MMC 热沉内流动与传热的特点编制了优化设计软件，并对 MMC 热沉进行了优化设计和传热性能实验；同时，提出了歧管式流体横掠微针肋阵列热沉设计方案。结论如下。

（1）所编制的优化设计软件可选择优化冷却剂流量、微通道的长度、宽度、深度、翅片的厚度、微通道底板的厚度、冷却剂进出口宽度等 8 个独立变量。该软件采用复形调优算法，通过图形用户界面设置物性数据、边界条件、网格划分方法、流场和温度场解算方法，当给定泵功或给定表面温升时，以最大表面温差为约束条件，计算出最优结构尺寸和操作参数。可对任意 U 形通道、矩形截面的热沉进行优化设计，并用 3D 图形绘制热沉表面的温度分布。

（2）优化设计与实验结果表明，与 TMC 热沉相比，MMC 热沉具有很大的优越性。一方面，其流动产生的压降相应减小，总的传热热阻也相应减小；另一方面，温度变化幅度相应减小。对于特定情况，MMC 热沉存在最优的结构尺寸，主要表现在通道长度（即通道组数）、翅片厚度、进出口宽度等方面。

（3）在 MMC 热沉的基础上，基于流体横掠针肋阵列对流换热理论，提出了可用于狭长型发热器件散热的歧管式流体横掠微针肋阵列热沉。

参 考 文 献

[1] Peland D, Behnia M, Nakayama W. Manifold microchannel heat sinks: Isothermal analysis[J]. IEEE Transactions on Components Packaging and Manufacturing Technology Part A, 1997, 20(2): 96-102.

[2] Copeland D. Manifold microchannel heat sink: Analysis and Optimization[J]. Thermal Science and Engineering, 1995, 3(1): 7-12.

[3] 薛毅. 最优化原理与方法[M]. 北京: 北京工业大学出版社, 2001.

[4] 徐士良. C 常用算法程序集[M]. 2 版. 北京: 清华大学出版社, 1996.

[5] 夏国栋, 刘青, 王敏, 等. 歧管式微通道冷却热沉的三维数值优化[J]. 工程热物理学报, 2006, 27(1): 145-148.

[6] Ryu J H, Choi D H, Kim S J. Three-dimensional numerical optimization of a manifold microchannel heat sink[J]. International Journal of Heat and Mass Transfer 2003, 46: 1553-1562.

[7] Kreutz E W, Pirch N, Ebert T, et al. Simulation of micro-channel heat sinks for optoelectronic microsystems[J]. Microelectronics Journal, 2000, 31(9-10): 787-790.

[8] Loosen P. Cooling and Packaging of High-Power Diode Lasers[J]. High Power Diode Lasers Fundamentals Technology Applications, 2000.

[9] 夏国栋. 流体横掠针肋阵列式微型换热器: 中国, ZL200610002057.0[P], 2009-05-06.

第 7 章　微通道热沉的系统集成

从单个微通道热沉的角度看，在给定热源及冷却工质的条件下，强化换热的手段除前面提到的微结构形式和尺寸优化外，微通道热沉内的流体分配也是一个非常重要的影响因素。流体分配的均匀性直接影响着被冷却器件表面的温度分布，若流体分配不均匀极容易导致局部过热，这将会影响被冷却器件的可靠性及寿命，甚至导致器件失效[1-3]。另外，在实际应用中，通常涉及多个微通道热沉和被冷却器件的系统集成，此时不仅要考虑单个微通道热沉内部流体分配的均匀性，而且还要考虑冷却系统给各个微通道热沉供液的均匀性[4]。因此，研究微通道热沉内的流体分配和微通道热沉在系统中的流体分配对整体散热性能的影响至关重要。本章针对多个微通道热沉冷却微电子芯片散热的问题，通过仿真计算和实验测试，研究微通道热沉分流集成系统的流动与换热性能。

7.1　集成系统的建模及模拟方法

7.1.1　物理模型

本章所用的物理模型如图 7-1 所示[5]。其中图 7-1(a)为分流集成模块的物理模型，其包含 4 个微通道热沉；图 7-1(b)为分流集成系统的物理模型，其包含 4 个分流集成模块、16 个微通道热沉。微通道热沉的材质为硅或铜，分流集成模块和分流集成系统的材质为铝合金。

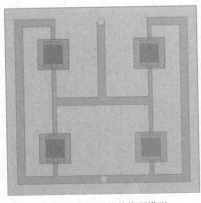
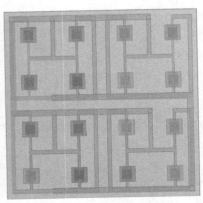

(a) 分流集成模块的物理模型　　　　　(b) 分流集成系统的物理模型

图 7-1　物理模型

7.1.2　控制方程与边界条件

经过初步计算，确定冷却工质在分流集成模块和分流集成系统内的流动状态均为湍流。湍流模型有很多，Fluent 提供的湍流模型包括单方程(Spalart-Allmaras)模型、双方程模型(Standard k-ε、RNG k-ε、Realizable k-ε)、Standard k-ω 模型、SST k-ω 模型、雷诺应力模型及大涡模型。实际求解中可根据具体问题的特点来选用模型，一般原则为计算精度高、应用简单、节省计算时间等[6]。本章选用 Standard k-ε 模型进行求解。该模型需要求解湍动能及耗散率方程，假设流动为完全湍流，分子黏性的影响可以忽略。

Standard k-ε 模型的方程如下。

湍流动能方程(k 方程)：

$$\rho\frac{\mathrm{d}k}{\mathrm{d}t}=\frac{\partial}{\partial x_i}\left[\left(\mu+\frac{\mu_\mathrm{t}}{\sigma_k}\right)\frac{\partial k}{\partial x_i}\right]+G_k+G_b-\rho\varepsilon-Y_\mathrm{M} \tag{7-1}$$

耗散方程(ε 方程)：

$$\rho\frac{\mathrm{d}\varepsilon}{\mathrm{d}t}=\frac{\partial}{\partial x_i}\left[\left(\mu+\frac{\mu_\mathrm{t}}{\sigma_\varepsilon}\right)\frac{\partial \varepsilon}{\partial x_i}\right]+C_{1\varepsilon}\frac{\varepsilon}{k}(G_k+C_{3\varepsilon}G_b)-C_{2\varepsilon}\rho\frac{\varepsilon^2}{k} \tag{7-2}$$

式中，G_k 为由平均速度梯度引起的湍动能；G_b 为由浮力影响引起的湍动能；Y_M 为可压缩湍流脉动膨胀对总耗散率的影响；湍流黏性系数 $\mu_\mathrm{t}=\rho C_\mu k^2/\varepsilon$；$C_{1\varepsilon}$、$C_{2\varepsilon}$、$C_{3\varepsilon}$ 为经验常数，$C_{1\varepsilon}=1.44$、$C_{2\varepsilon}=1.92$、$C_{3\varepsilon}=0.09$；湍动能 k 和耗散率 ε 的湍流普朗特数分别为 $\sigma_k=1.0$、$\sigma_\varepsilon=1.3$[7]。

冷却工质在微通道热沉内的流动状态为层流($Re<1000$)，在求解过程中需要求解连续性方程、动量守恒方程和能量守恒方程。相应的模型简化和控制方式如前所述，这里不再赘述。

在本章中，微通道热沉、分流集成模块及分流集成系统数值模拟的边界条件是类似的。在进行数值模拟时，进口边界均设置为速度入口，温度为298K；出口边界设置为压力出口，即出口压力为零；冷却工质选用去离子水，与固体接触面之间没有滑移速度；加热面位于微通道热沉的底面，设为恒定热流密度边界条件，其大小分别为 $q=1\times10^6\mathrm{W/m^2}$、$2\times10^6\mathrm{W/m^2}$ 及 $3\times10^6\mathrm{W/m^2}$；其他面设为绝热边界条件。在微通道热沉中，冷却工质的温度沿流动方向的变化很大，温度对于其热物性参数的影响不可忽略，因此假设去离子水的黏度与导热系数随温度呈线性变化，其他物性参数按298K时取值。

本章的模拟过程即为通过改变入口流速从而获得冷却工质在不同体积流量下对热源的冷却效果。表 7-1～表 7-3 分别为微通道热沉、分流集成模块及分流集成系统在计算时所设置的入口边界条件。同时三者的每一组数据都是相互对应的，可以同时获得对应流量下微通道热沉、分流集成模块及分流集成系统的散热情况。

表 7-1　微通道热沉的进口流量与对应流速

进口流量/(mL/min)	25	50	100	150	200
入口流速/(m/s)	0.53	1.06	2.12	3.18	4.24

表 7-2　分流集成模块的进口流量与对应流速

进口流量/(mL/min)	100	200	400	600	800
入口流速/(m/s)	0.53	1.06	2.12	3.18	4.24

表 7-3　分流集成系统的进口流量与对应流速

进口流量/(mL/min)	400	800	1600	2400	3200
入口流速/(m/s)	0.96	1.92	3.84	5.76	7.68

7.2　三角凹穴微通道热沉的数值模拟

7.2.1　流动特性分析

针对单个微通道热沉的流动特性分析主要集中在其压降及通道内工质的流动情况两方面。图 7-2 为矩形直通道热沉与三角凹穴微通道热沉的压降对比，三角凹穴结构的压降明显高于矩形通道，并且两者的差异随流量的增加逐渐变大，

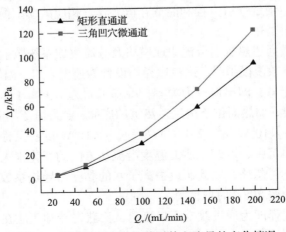

图 7-2　微通道热沉的压降随体积流量的变化情况

其原因是随着流量的不断增加，工质在通道内凹穴处所产生的扰动也越来越剧烈，其形成的旋涡回流等现象会产生较大压降。但此现象正是三角凹穴结构能够强化换热的原因所在，其具体强化换热效果将在换热特性分析中进行研究。

图 7-3 为两种结构微通道热沉的速度分布云图。从图中可以看到，在相同体积流量下，三角凹穴微通道内工质的速度要低于矩形微通道，但三角凹穴微通道热沉内各通道的速度分布较直通道均匀。矩形直通道呈现出中间通道的速度明显高于两边的规律，速度分布差异较为明显；尽管三角凹穴微通道也存在此现象，但其流动分配的均匀性相对较好，这将在其加热面的温度分布上明显地表现出来。

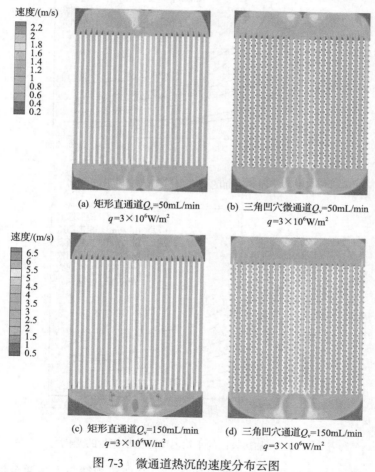

(a) 矩形直通道Q_v=50mL/min
q=3×10^{6}W/m^2

(b) 三角凹穴微通道Q_v=50mL/min
q=3×10^{6}W/m^2

(c) 矩形直通道Q_v=150mL/min
q=3×10^{6}W/m^2

(d) 三角凹穴通道Q_v=150mL/min
q=3×10^{6}W/m^2

图 7-3　微通道热沉的速度分布云图

7.2.2　换热特性分析

图 7-4 和图 7-5 分别为两种微通道热沉加热表面的最高温度和平均温度的对

比，从图中可以看到，5 组流量工况中有 4 组工况的三角凹穴微通道热沉的散热效果明显优于矩形微通道，说明三角凹穴结构使得微通道热沉的冷却能力得到了极大的改善。但同时存在一组工况与该结论完全相反，在较小流量工况下三角凹穴微通道热沉的散热效果反而不如矩形微通道热沉。其原因是在小流量工况下，微通道侧壁的三角凹穴处容易形成层流滞止区，反而使换热效果变差。

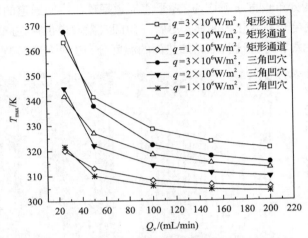

图 7-4　加热表面的最高温度随体积流量的变化

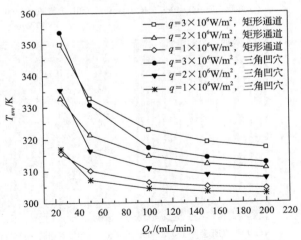

图 7-5　加热表面的平均温度随体积流量的变化

图 7-6 为加热表面最大温差的对比情况，其变化规律与上述两个量变化趋势一致，这也说明了三角凹穴微通道热沉的散热优势在较大流量时才能体现出来，且随雷诺数的增大其强化换热效果越来越明显。

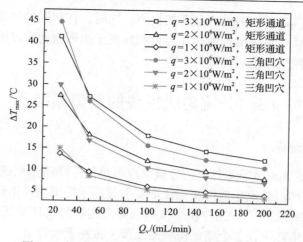

图 7-6　加热表面最大温差随体积流量的变化情况

图 7-7 为两种微通道热沉加热表面的温度分布云图。从图中可以明显看出，在相同的热流密度下，随着体积流量的增加，不论是矩形微通道热沉还是三角凹

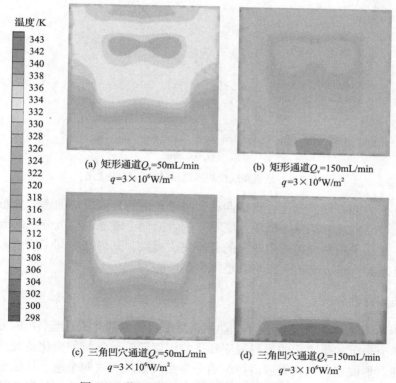

(a) 矩形通道Q_v=50mL/min
$q=3\times10^6$W/m²

(b) 矩形通道Q_v=150mL/min
$q=3\times10^6$W/m²

(c) 三角凹穴通道Q_v=50mL/min
$q=3\times10^6$W/m²

(d) 三角凹穴通道Q_v=150mL/min
$q=3\times10^6$W/m²

图 7-7　微通道热沉加热表面的温度分布云图

穴微通道热沉，其散热能力均有显著的提高；同时，在相同的热流密度与体积流量下，三角凹穴微通道热沉的散热能力要明显优于矩形微通道热沉，其最高温度明显降低，且温度分布也更为均匀。

7.3 分流集成模块的数值模拟

7.3.1 流动特性分析

图 7-8 为集成两种微通道热沉的分流集成模块的压降随体积流量的变化情况，三角凹穴微通道热沉分流集成模块的压降要明显高于矩形微通道热沉，且随流量的增加其差距也越来越大。这与单个微通道热沉的压降对比分析结果是一致的，这也说明了微通道热沉在整个集成模块的压降中占据重要权重。

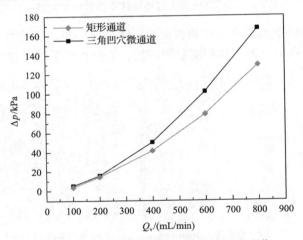

图 7-8 分流集成模块压降随体积流量的变化

图 7-9 为在不同流量下，集成两种微通道热沉的分流模块的速度分布云图。通过对比可以发现，从单一模块角度看，两者给四个微通道热沉分配的流量均十分均匀；对比采用两种微通道热沉的分流集成模块，其内部冷却工质的流动情况存在明显差异，这也必然会影响其整体换热性能。

7.3.2 换热特性分析

图 7-10 和图 7-11 分别为在不同热流密度下，集成两种微通道热沉的分流集成模块中四个热沉加热表面的最高温度和平均温度随工质流量的变化情况。从图中可以发现，集成三角凹穴微通道热沉的分流集成模块在这两个量上均低于矩形微通道热沉，并未出现前文提到的低雷诺数时三角凹穴微通道热沉的散热效果不如

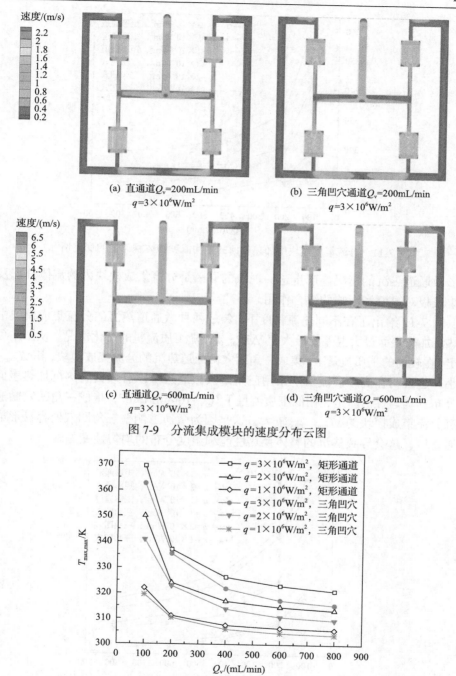

(a) 直通道Q_v=200mL/min
q=3×10^6W/m^2

(b) 三角凹穴通道Q_v=200mL/min
q=3×10^6W/m^2

(c) 直通道Q_v=600mL/min
q=3×10^6W/m^2

(d) 三角凹穴通道Q_v=600mL/min
q=3×10^6W/m^2

图 7-9　分流集成模块的速度分布云图

图 7-10　分流集成模块中散热表面的最高温度随体积流量的变化情况

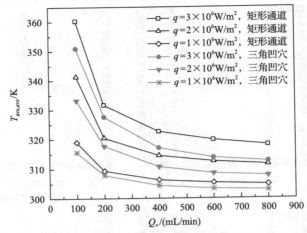

图 7-11　分流集成模块中加热表面的平均温度随体积流量的变化情况

矩形微通道热沉的情况。产生这一现象的原因是分流集成模块内的流体分配及分流集成板对温度场影响的综合作用。

图 7-12 给出了在不同热流密度下，集成两种微通道热沉的分流集成模块中四个热沉加热表面最大温差的最大值（$\Delta T_{max, max}$）随工质流量的变化情况。从图中可以看出，在较高的工质流量下，集成三角凹穴微通道热沉的分流集成模块，其$\Delta T_{max, max}$较小，这表明在高工质流量下采用三角凹穴微通道可以有效提高热沉加热表面温度分布的均匀性。但是，在低工质流量下（Q_v=100mL/min），集成三角凹穴微通道热沉分流集成模块的$\Delta T_{max, max}$较大，这是因为微通道侧壁三角凹穴处容易形成层流滞止区，这会导致热沉的整体换热性能和温度分布的均匀性变差。

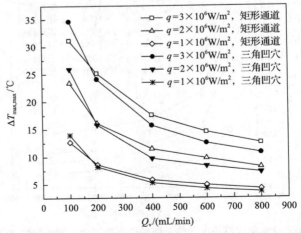

图 7-12　分流集成模块中四个热沉加热表面最大温差的最大值随工质流量的变化情况

图 7-13 为在不同工质流量下，两种分流集成模块的温度分布云图，流量对整体冷却效果的影响不再赘述。对比相同工质流量下两种分流集成模块的温度分布可以看到，集成三角凹穴微通道热沉的模块中，热沉加热表面的整体温度相对较低，表明三角凹穴微通道热沉的散热能力明显优于矩形直通道热沉。

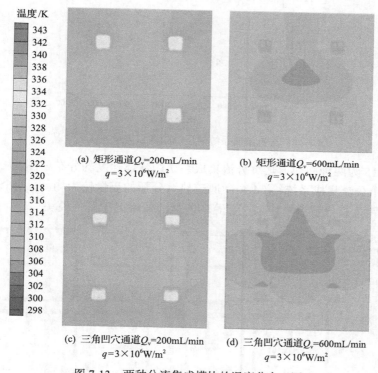

图 7-13　两种分流集成模块的温度分布云图

7.4　分流集成系统的数值模拟

7.4.1　流动特性分析

分流集成系统包含 4 个分流集成模块和 16 个微通道热沉。本节对集成两种微通道热沉的分流集成系统的性能进行对比分析，分析方法与前面分流集成模块分析所用方法类似。

图 7-14 为两种微通道热沉分流集成系统的压降随体积流量的变化情况。与分流集成模块相似，三角凹穴微通道热沉分流集成系统的压降要高于矩形微通道热沉，但差距比分流集成模块的要小，这是由微通道热沉所产生的压降在整个分流集成系统中所占权重减小所致。

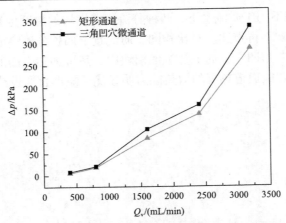

图 7-14　分流集成系统的压降随体积流量的变化情况

图 7-15 为两种微通道热沉分流集成系统内流体速度的分布云图。从图中可以看出，两个分流集成系统给 16 个微通道热沉分配的流量较为均衡；四个分流集成模块中，距入口处较近模块(右上角)的流体流量略高于其他模块。

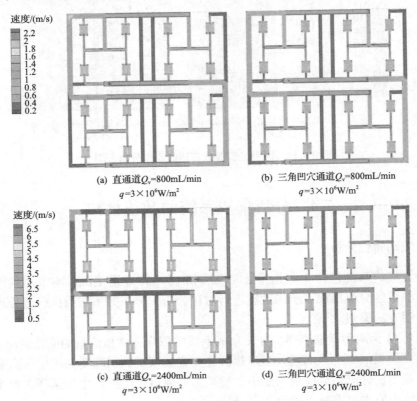

(a) 直通道 Q_v=800mL/min q=3×10⁶W/m²

(b) 三角凹穴通道 Q_v=800mL/min q=3×10⁶W/m²

(c) 直通道 Q_v=2400mL/min q=3×10⁶W/m²

(d) 三角凹穴通道 Q_v=2400mL/min q=3×10⁶W/m²

图 7-15　分流集成系统内流体速度的分布云图

7.4.2　换热特性分析

　　图 7-16 和 7-17 分别为不同热流密度下，两种微通道热沉分流集成系统中 16 个微通道热沉加热表面的最高温度和平均温度随工质流量的变化情况。除极少数工况外，三角凹穴微通道热沉分流集成系统在两方面的性能均优于直通道热沉分流集成系统。

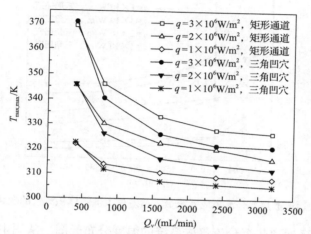

图 7-16　分流集成系统的最高温度随体积流量的变化情况

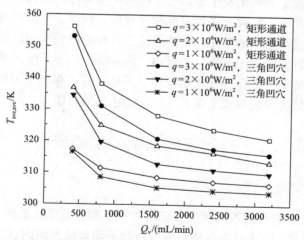

图 7-17　分流集成系统中加热表面的平均温度随体积流量的变化情况

　　图 7-18 给出了不同热流密度下，两种微通道热沉分流集成系统中 16 个热沉加热表面最大温差的最大值 $(\Delta T_{max,max})$ 随工质流量的变化情况。与分流集成模块情况相似，在较高的工质流量下，集成三角凹穴微通道热沉的分流集成系统的

$\Delta T_{\text{max,max}}$ 较小；但是，在低工质流量下，集成三角凹穴微通道热沉的分流集成系统的$\Delta T_{\text{max,max}}$ 较大。这表明在高工质流量下，三角凹穴微通道热沉集成系统表现出优异的散热性能，可以有效降低热沉加热表面的最大温差，提高温度分布的均匀性。

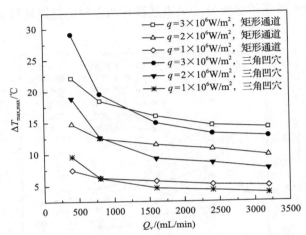

图 7-18　微通道散热器分流集成系统最大温差最大值随体积流量的变化情况对比

图 7-19 为微通道热沉分流集成系统的温度分布云图。从图中可以直观地看到，在相同工质流量和热流密度下，三角凹穴微通道热沉的散热能力明显优于矩形微通道热沉，其最高温度、平均温度相对较低。同时，从温度分布云图中也能看到四个分流集成模块间的差异，距离系统出口较近的模块中的四个热沉散热面温度高于其他位置。随着工质流量的增加，两种分流集成系统的散热效果均大幅提高，各模块间的温度差异也极大地减小。总体上看，相比于矩形微通道热沉，三角凹穴微通道热沉分流集成系统具有更为出色的散热能力。

7.5　分流集成系统的实验研究

7.5.1　流动特性实验

图 7-20 为未安装微通道热沉的分流集成模块和分流集成系统的实物图。在开展传热特性实验前，首先研究分流集成模块和分流集成系统内各支路工质的流量分配情况。流量分配均匀性主要以流量波动 η 来进行评价[8]：

$$\eta = \frac{Q_i - Q_{\text{ave}}}{Q_{\text{ave}}} \times 100\%, \quad i = 1, 2, 3, 4, \cdots, 16 \tag{7-3}$$

式中，Q_i 为每个支路的实际流量，mL/min；Q_{ave} 为相应流量下各个支路的平均流量，mL/min。

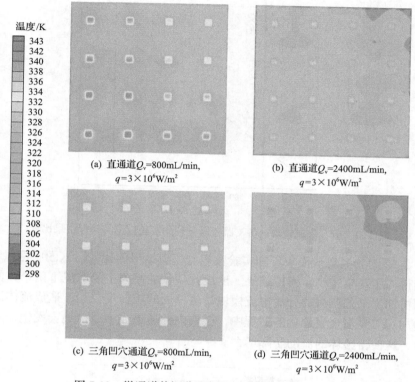

图 7-19　微通道热沉分流集成系统的温度分布云图

(a) 分流集成模块　　　　　　　　　　　(b) 分流集成系统

图 7-20　未安装微通道热沉的分流集成模块和分流集成系统实物图

图 7-21 为分流集成模块内各支路流量分配的实验数据与模拟结果比较。与模拟结果相比，实验测得的各支路流量存在一定差异，这是由所采用的焊接工艺加工

误差所致。其最大流量的波动值在最低流量时达到最高，为 18.83%；随着流量的增加其波动值不断降低，最高流量时其最大波动值降为 4.79%。

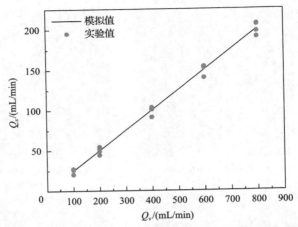

图 7-21　分流集成模块内各支路流量分配的实验数据与模拟结果比较

图 7-22 为分流集成模块压降实验数据与模拟结果的比较。从图中可以看到，实验测得的压降整体高于模拟结果。出现此现象的原因主要有以下两个方面：一是采用机加工工艺获得的分流集成模块流道壁面的粗糙度较大，造成流体流动阻力的增加；二是在金属焊接的过程中，模块内的通道或多或少地会发生一定程度的变形，这使得整体的流动压降增大。

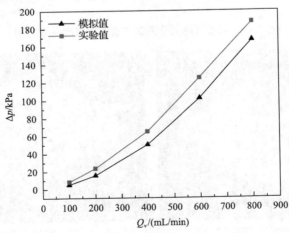

图 7-22　分流集成模块压降实验数据与模拟结果比较

图 7-23 为分流集成系统中各支路流量分配实验数据与模拟结果的对比。从图中可以看出，16 条支路流量的实验值存在较大偏差。与分流集成模块相比，分流

集成系统的多层堆叠结构对焊接工艺的要求更高，加工制作工艺需进一步完善。

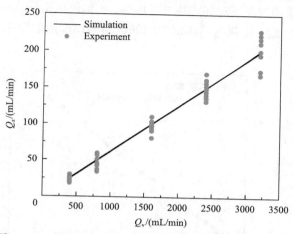

图 7-23　系统分流集成板模拟与实验流量分配情况的对比

7.5.2　传热特性实验

图 7-24 为安装微通道热沉的分流集成模块和分流集成系统的实物图。每个微通道热沉表面制作了可模拟电子芯片发热的加热膜，为保证热沉加热表面温度场的测量精度，实验前在加热膜位置喷涂一层薄薄的黑色有机硅耐热漆，然后通过导电银浆将印刷电路板与加热膜连接，最后完成实验件封装。

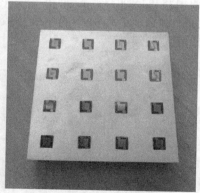

(a) 分流集成模块　　　　　　　　(b) 分流集成系统

图 7-24　安装微通道热沉的分流集成模块和分流集成系统实物图

加热膜的有效加热功率(q_{eff})采用如下计算式：

$$q_{\text{eff}} = q - q_{\text{loss}} \tag{7-4}$$

式中，q_{loss} 为加热膜向环境释放的热量。其值采用干烧芯片法来确定。其基本原理为在不通入工质的情况下对加热膜进行加热，达到热平衡时芯片两端的加热功率即为热损失。通过此方法获得的热损失随加热膜平均温度的变化情况，如图 7-25 所示。

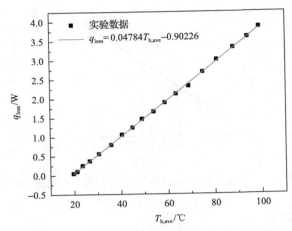

图 7-25　热损失随加热膜平均温度的变化情况

图 7-26 给出了热流密度 $q=8×10^4 W/m^2$、工质流量 $Q_v=0 mL/min$ 时，分流集成模块的温度分布情况，图 7-26(a) 为二维温度分布图，图 7-26(b) 为三维温度分布图。每个加热膜都以 $q=8×10^4 W/m^2$ 的热流密度进行干烧，目的主要是为了检验各微通道热沉的加热膜性质和散热环境是否存在较大差异。从温度分布的情况看，四个加热面温度分布的一致性较好，表明各微通道热沉的加热膜性质和散热环境基本相同。

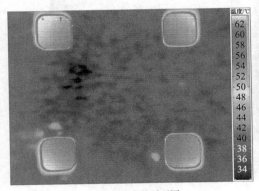

(a) 温度分布的平面图

(b) 温度分布的三维视图

图 7-26　分流集成模块的温度分布情况（$Q_v=0 mL/min$，$q=8×10^4 W/m^2$）

　　图7-27给出了在无冷却工质情况下各加热面的平均温度随加热功率的变化情况。从图中可以看出在低热流密度下，四个加热面的平均温度基本一致；且随着加热功率的增加也未出现较大差异。这说明在分流集成模块传热实验时，各个微通道热沉具有基本一致的初始条件。

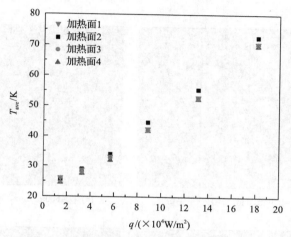

图 7-27　各加热面平均温度随热流密度的变化情况（Q_v=0mL/min）

　　图7-28 为在不同热流密度下，两种微通道热沉分流集成系统中 16 个微通道热沉加热表面平均温度的实验值与模拟结果的对比情况。从图中可以看出其整体的变化规律一致，在同一工质流量下实验值略低于模拟值，最大差值为 3.14K，出现在低流量工况。其差异性主要是由于实验所用的铝合金封装件具有良好的导热性，其会散失一部分热量，这必然会对微通道热沉分流集成模块的整体温度造成一定的影响，且工质流量越低，这一效应越显著。

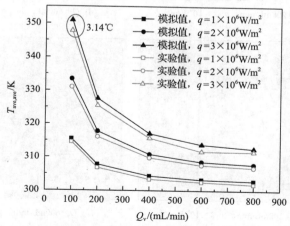

图 7-28　不同热流密度下实验模拟平均温度平均值对比

图 7-29 为实验过程中利用高速红外成像仪拍摄的两种微通道热沉分流集成模块底面温度的分布情况,从图中可以很直观地看到热流密度、工质流量对分流集成模块温度场的影响。首先,三角凹穴微通道热沉分流集成模块四个加热面的温度分布都比较均匀,尤其是在低热流密度工况下;当工质流量一定时,随着热流

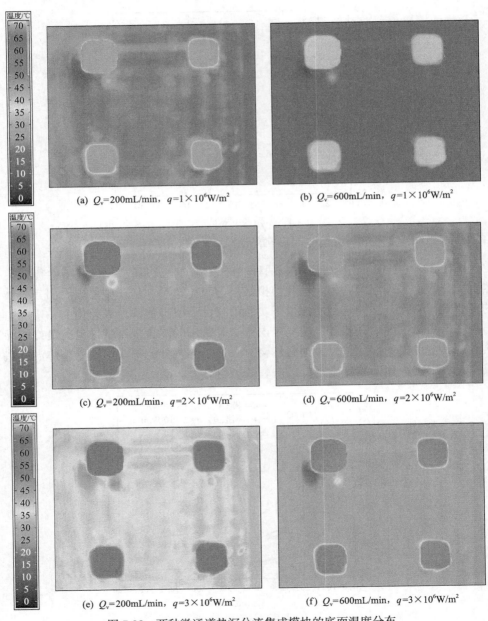

(a) $Q_v=200\text{mL/min}$, $q=1\times10^6\text{W/m}^2$　　　(b) $Q_v=600\text{mL/min}$, $q=1\times10^6\text{W/m}^2$

(c) $Q_v=200\text{mL/min}$, $q=2\times10^6\text{W/m}^2$　　　(d) $Q_v=600\text{mL/min}$, $q=2\times10^6\text{W/m}^2$

(e) $Q_v=200\text{mL/min}$, $q=3\times10^6\text{W/m}^2$　　　(f) $Q_v=600\text{mL/min}$, $q=3\times10^6\text{W/m}^2$

图 7-29　两种微通道热沉分流集成模块的底面温度分布

密度的升高，四个热沉加热面的温度均明显升高，分流集成模块的整体温度也相应升高；当热流密度一定时，随着工质流量的增加，热沉加热面和分流集成模块的温度均明显下降。总体上，实验结果与前面的模拟结果符合得较好，达到了预期效果，所获得热流密度、工质流量、热沉加热表面温度之间的关系可以为分流集成模块和分流集成系统的实际应用提供指导。

7.6　本章小结

本章首先采用数值模拟方法对微通道热沉分流集成系统的散热性能进行了研究，分别获得了两种微通道热沉、分流集成模块、分流集成系统内流体流动与传热的特性；然后开展了分流集成模块、分流集成系统内流体分配特性实验；最后对三角凹穴微通道热沉分流集成模块整体的散热性能进行了实验研究。结论如下。

（1）在相同的热流密度与工质流量下，三角凹穴微通道热沉的散热能力要明显优于矩形微通道热沉，其加热表面的平均温度、最高温度均明显降低，且温度分布也更为均匀。

（2）计算结果显示所设计的微通道热沉分流集成模块和分流集成系统均具有良好的流体分配特性，但是受加工工艺的影响，所制作实验件各支路的流量分配存在一定误差。

（3）在集成的三角凹穴微通道热沉的模块和系统中，热沉加热表面的整体温度相对较低，这表明相比于矩形直通道热沉，三角凹穴微通道热沉分流集成模块和系统具有更为出色的散热能力。

（4）开展了三角凹穴微通道热沉分流集成模块的散热性能实验，结果表明：四个热沉加热面的温度分布都比较均匀，尤其是在低热流密度工况下。总体上，实验结果与模拟结果符合得较好，所获得的热流密度、工质流量、热沉加热表面温度之间的关系可以为分流集成模块和分流集成系统的实际应用提供指导。

参 考 文 献

[1] Xia G D, Jiang J, Wang J, et al. Effects of different geometric structures on fluid flow and heat transfer performance in microchannel heat sinks[J]. International Journal of Heat and Mass Transfer, 2015, 80: 439-447.

[2] Mahshid M A, Goran N, Kendra V S. Numerical study of flow uniformity and pressure characteristics within a microchannel array with triangular manifolds[J]. Computers and Chemical Engineering, 2013, 52: 134-144.

[3] Kumaran R M, Kumaraguruparan G, Sornakumar T. Experimental and numerical studies of header design and inlet/outlet configurations on flow mal-distribution in parallel micro-channels[J]. Applied Thermal Engineering, 2013, 58(1): 205-216.

[4] 夏国栋, 韩磊, 马丹丹. 微通道散热器冷却多芯片系统装置: 中国, ZL201510409552.2[P]. 2017-12-15.

[5] 陈志伟. 微型散热器分流集成系统设计及流动传热特性研究[D]. 北京: 北京工业大学, 2021.

[6] 刘斌. FLUENT 19.0 流体仿真从入门到精通[M]. 北京: 清华大学出版社, 2019.

[7] 江帆, 黄鹏. Fluent 高级应用与实例分析[M]. 北京: 清华大学出版社, 2008.

[8] 韩磊. 微型散热器分流集成系统设计及流动传热特性研究[D]. 北京: 北京工业大学, 2016.

第8章　纳米流体的制备及强化传热性能研究

纳米流体因其具有较好的换热性能而备受关注，纳米粒子的材料属性、尺度、体积份额及流体温度等对纳米流体的热物性具有重要影响；纳米粒子的高表面能极易引发粒子间的团聚而失去纳米材料的优越性，纳米流体的稳定性是保证其高导热性的基础。

本章首先介绍纳米流体的制备及性能测试方法；其次通过实验研究表面活性剂的添加对基液及纳米流体性能的影响；然后研究纳米粒子的尺寸、种类和浓度等对纳米流体热物性的影响规律；最后开展纳米流体在微通道热沉内流动与传热特性的实验研究，分析纳米流体在微通道热沉内的强化传热机理。

8.1　纳米流体制备及性能测试方法

8.1.1　纳米流体的制备方法

相比于微米或毫米级的固液混合物，纳米颗粒的粒径小，其剧烈的布朗运动等诸多因素会使其不易沉淀。但较大的表面活性会使其易于团聚，形成带有若干弱连接面的较大团聚体，产生沉淀。因此，如何制备出分散性良好、稳定性较高的纳米流体就成为应用纳米粒子增强液体工质传热性能的关键。目前，纳米流体的制备方法有两种：两步法和一步法。

两步法制备纳米流体是将一定比例的金属或金属氧化物纳米粒子添加到基液中形成纳米粒子悬浮液，再根据流体的种类和理化属性添加相应的表面活性剂，并辅以超声振荡，获得稳定性良好的纳米流体，制备流程如图 8-1 所示。宣益民等[1]

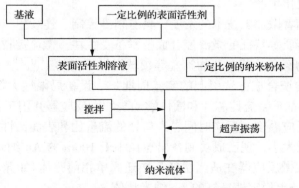

图 8-1　两步法制备纳米流体的流程图

在表面活性剂的作用下，将 A1、Cu 纳米颗粒通过超声分散到水、机油、航天传热液介质中制得纳米流体。谢华清等[2]同样在表面活性剂的作用下将 Al_2O_3、SiC 纳米颗粒通过超声振荡、磁力搅拌分散到水、乙二醇、泵油中制得纳米流体，所制备的纳米流体均能维持较好的稳定性。

两步法制备纳米流体的工艺简单、工序少且成本低，易于批量化生产，几乎适用于所有种类纳米流体的制备。随着纳米材料技术的发展，可以直接在市场上购买到不同材料的纳米颗粒粉体，这使得两步法成为较适用于实际应用的纳米流体制备方法。但由于纳米粒子较大的比表面积及表面活性，故在制备、存储、运输等过程中易形成团聚体，这不仅会导致纳米流体的稳定性下降，还会对其强化传热效果带来不利影响。因此，如何使纳米粒子均匀分散就成为两步法制备纳米流体的关键技术之一。

一步法制备纳米流体是纳米颗粒在制备时直接分散于基液中，这样可有效避免纳米颗粒在干燥、运输和储存过程中的团聚现象，该方法易控制纳米颗粒的形状和尺寸，且易获得稳定的纳米流体。传统的一步法主要有气相沉积法、激光消融法、湿化学还原法等。

气相沉积法最早由 Choi 等[3]提出，它是指通过加热等方法将固体原材料蒸发，其蒸汽在特定的温度、压力和原子气氛条件下遇到冷的液相从而冷凝形成纳米颗粒的方法，纳米颗粒和液体一起回收即为纳米流体。Eastman 等[4]通过气相沉积法成功制备了 CuO-水、Cu-机油、Cu-乙二醇、Al_2O_3-水等几种纳米流体，在真空状态下合成纳米颗粒可有效解决 Cu 粒子易氧化的问题。激光消融法是利用激光照射在靶体上所产生的等离子效应，直接对等离子气体进行真空冷却或通入反应气体合成纳米材料。Phuoc 等[5]利用激光消融法合成了 Ag-水纳米流体，其中双光束合成的颗粒粒径在 9～21nm。湿化学还原法是通过在液相中的化学反应直接合成纳米颗粒。传统的一步法所制得纳米颗粒的尺寸均匀且稳定性较好，但其制备工艺复杂，对环境及设备的要求高，制备成本较高且产量小，故难以实现纳米流体的批量化、工业化生产。

近年来，随着微加工技术的发展，具有精准控制、连续生产、低消耗、高效混合、高传热传质等特征的微流控合成技术备受关注。微流控技术为材料科学、化学合成、生物医学诊断和药物筛选等领域提供了新的工艺[6]。微流控法制备纳米流体可解决传统合成方法引起的实验周期长、设备局限性大等问题[7]。Zhang 等[8]设计了一种基于微流控芯片和液体蠕动泵的微反应器并用于合成 Au 纳米流体，通过调节反应温度、反应时间、入口处的流量比和表面活性剂的用量来控制纳米粒子的粒径大小，现已成功制备出粒径小于 10nm 的 Au 纳米颗粒。Lin 等[9]利用连续流管式微反应器在适当温度下热还原单相前驱体(如异戊醚中的五氟丙酸银)，从而制备出稳定性良好的 Ag 纳米流体。

8.1.2　纳米流体的稳定性测试

目前对于纳米流体稳定性的测试主要有以下几种方法。

(1)能量色散 X 射线(EDX)：根据不同元素的特征 X 射线波长来测定试样所含的元素，通过对比不同元素谱线的强度可以测定试样中元素的含量，并结合电子显微镜判断粒子的排列及样品中的成分组成。

(2)扫描电子显微镜(SEM)：用聚焦电子束在试样表面进行逐点扫描，通过分别收集电子束与样品相互作用产生的一系列电子信息，经转换、放大而成像，来表征纳米材料的表面结构、质地和大小。其制样方法简单、试样要求低、放大倍数高，但不能直接测试具有磁性和绝缘的样品。

(3)透射电子显微镜(TEM)：TEM 把经加速和聚集的电子束投射到非常薄的样品上，电子与样品中的原子碰撞而改变方向，形成明暗不同的影像，通过分析可呈现纳米材料的内部结构。其分辨率高达 $0.1\sim0.2nm$，但其对真空度和电源的要求较高且制样过程复杂。

(4)静置法观察沉淀：这是评估纳米流体稳定性最简单的方法。将制备好的纳米流体静置一段时间后，用肉眼观察容器内是否产生沉降现象。其成本低、操作简单，但准确度低且无法观察极小颗粒。

(5)光谱分析(UV-Vis)：不同波长($200\sim800nm$)的光通过待测物，经待测物吸收后，测量其对不同波长光的吸收程度，可得到该物质的吸收光谱，根据曲线的特性进而研究分子结构。在测试纳米流体的稳定性中，吸光度越大，纳米流体中的颗粒分布越均匀，稳定性越好。其灵敏度高，准确度较高，操作简便，应用范围广；但对于非金属和介于金属和非金属之间的元素则很难进行准确检测，其易受光学系统参数等外部因素的影响。

(6)Zeta 电位：基于电泳光散射原理测量纳米颗粒材料的 Zeta 电位，电位值表明纳米流体稳定性程度，电位绝对值越高，其粒子间的静电斥力越大，其稳定性越好。其对粒径范围($0.6nm\sim10\mu m$)和浓度范围($0.00001\%\sim40\%$)的纳米流体具有较高的测量精度。

(7)动态光散射技术(DLS)：激光束照射到纳米颗粒上将产生脉动的散射光信号，经过信号转换、数字处理和 Stokes-Einstein 方程可计算出纳米颗粒的粒径及其粒度分布。DLS 通过测量不同时间的粒径分布，可以展现颗粒随时间聚沉的趋势，研究纳米流体的稳定性。其测试方法准确、快速、可重复性好、不干扰纳米颗粒体系；但分辨率较低、存在多重光散射现象。

本书采用光谱分析法的分光光度计对纳米流体的稳定性进行测试。以下对此方法进行介绍。Jiang 等[10]较早地提出了利用紫外可见光分光光度计评价胶体稳定性的测试方法，并通过实验发现在碳纳米管纳米流体内添加阴离子型十二烷基硫酸钠 SDS 作为分散剂可以有效减缓颗粒的沉积速率。Ghsdimi 等[11]通过吸光度法发现，在 TiO 纳米流体内添加 SDS 作为分散剂并进行 3h 的超声振荡，纳米流体可以在 1 个月内维持良好的稳定性和较高的导热系数。研究发现，Al_2O_3 纳米流体在振荡 3h 后的吸光度值最高[12]；当乙醇与去离子水以 1∶1 比例混合作为基液时，纳米流体的吸光度最大，分散效果最佳[13]。

分光光度计的工作原理主要基于朗伯比尔定律(Lambert-Beer law)，该定律的物理意义是当一束平行的单色光通过某一均匀的有色溶液时，溶液的吸光度与溶液的浓度和光程的乘积成正比，其数学表达式为

$$A = \frac{\lg I_0}{I} = K_2 bC \tag{8-1}$$

式中，A 为吸光度；I_0 为入射光强度；I 为透射光强度；K_2 为比例常数；b 为液层厚度(光程)，mm；C 为溶液浓度，g/L。

选用上海美析仪器有限公司生产的 UV-1500PC 紫外可见光分光光度计对纳米流体的吸光度进行测试，利用物质对光的选择性吸收的特性，定性分析某种物质在经过波长扫描后的特征吸收峰。光路主要利用的是光的反射、透射和聚焦，测试系统包括光源、单色器、样品室、检测放大控制系统、结果显示系统，光路结构如图 8-2 所示。

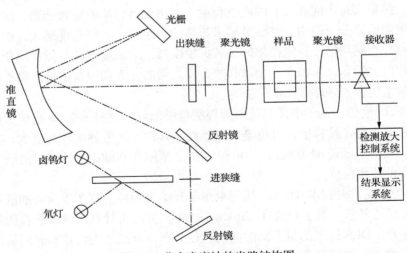

图 8-2 分光光度计的光路结构图

光源为可见光和近红外光谱区的卤钨灯和紫外光源氘灯，波长为 190~1100nm，波长准确度为±0.5nm。单色器将光源发射的复合光分解为单色光并从中分出任意波长的单色光，其由反射镜、狭缝、准直镜、光栅、聚光镜组成。光

栅将复合光色散成单色光谱带，并利用滤色片滤去一级光之外的其他级光，减小部分高能量波段的能量滤光片所对应的波长。狭缝的宽窄即成像大小，可用以调节仪器的分辨率，狭缝过大或过小均会降低谱带的单色性，降低光通量，从而影响测量的精密度。样品室可以同时放置包括空白溶液在内的四种样品，当样品受到光源照射后吸收光子的能量转变为可被测量的物理量，产生信号通过检测放大系统传输至结果显示系统。

8.1.3　纳米流体的热物性测试

1. 黏度测量

纳米颗粒的添加可以有效强化工质的导热和换热能力，但同时也会影响其黏度，进而改变工质的流动特性。彭小飞[14]对纳米流体的黏度进行了研究，并通过实验指出相比于基液，纳米流体黏度增大的比例在 1.002～1.184，此外粒子种类、粒径、体积分数等都会对纳米流体的黏度产生影响。凌智勇[15]通过实验发现，纳米流体的黏度随颗粒浓度的增加而增大，随温度的升高而减小。Mohammad[16]对纳米流体的黏度变化进行了实验研究，结果显示纳米流体的运动黏度随纳米颗粒体积分数的增加而增大。Einstein[17]的黏度公式是计算纳米流体黏度的经典公式，但该公式并不能很好地预测非球状颗粒，且没有考虑表面活性剂、温度、颗粒的尺寸和种类的影响。因此，需要采用实验法确定纳米流体的黏度。

本书采用邦西仪器科技有限公司设计生产的 NDJ-8S 数显黏度计测定纳米流体的黏度。仪器的基本参数如表 8-1 所示，NDJ-8S 配有 5 个转子(0-4 号)和 8 档转速(0.3r/min、0.6r/min、1.5r/min、3r/min、6r/min、12r/min、30r/min、60r/min)，用于测量在规定范围内的液体黏度。当转子在流体中转动时，转子上会产生黏性力矩。流体的黏度与黏性力矩成正比。黏性力矩可由传感器测量得到，经计算机处理后可知被测流体的黏度。其测试步骤如下：①准备待测液体，将液体放入直筒容器中；②仔细调整仪器的水平，检查仪器的水准器气泡是否居中，保证仪器处于水平的

表 8-1　NDJ-8S 数显黏度计设备参数

NDJ-8S 数显黏度计	
测量范围	$0.1 \sim 2 \times 10^{6} \mathrm{mPa \cdot s}$
测量精度	$\pm 2\%$
工作温度	5～35℃
工作相对湿度	≤80%
转子规格	0、1、2、3、4 号转子
转子转速	0.3、0.6、1.5、3、6、12、30、60r/min

工作状态；③选择 0 号转子，旋入转子连接头并连接；④缓慢调节升降旋钮，调整转子在被测液体中的高度；⑤打开电源，选择转子，调节转速为 30r/min，确定后仪器开始测量。

2. 热导率测量

热导率是反映纳米流体导热性能、影响其传热能力的指标之一。目前，一般可运用准稳态平板法、瞬态热线法、热丝法等测量纳米流体的热导率。稳态导热法是根据热导率随温度线性变化的原理进行测量，实验需长时间进行，设备较多；而瞬态法所需实验时间较短，也不需考虑散热误差，使用较多。

谢华清[18]用热丝法测量了多种纳米流体的热导率，结果显示体积分数与热导率几乎呈线性增加，碳纳米管纳米流体的热导率比 Al_2O_3 纳米流体的热导率大。李强等[19]通过数值和实验分析了不同体积分数和不同温度的 Cu-水纳米流体的热导率，并发现使纳米流体热导率增加的主要因素是纳米粒子的微运动。李金凯[20]总结了近年热导率实验的研究成果，得到提高纳米流体热导率的可能因素有：纳米粒子的种类、体积分数、形状、大小、温度、表面活性剂等。

本书选用 Hot Disk 2500S 热物性分析仪对纳米流体的热导率进行测量，分析仪应用瞬变平面热源法(transient plane source method，TPS)，在数秒内完成对热导率的测定，仪器的基本参数如表 8-2 所示。其原理是将一高热导率、低热容量的细丝放入待测样品内进行加热，测量样品温度与时间的变化关系，进而得到热导率。

表 8-2　Hot Disk 2500S 热物性分析仪的参数

Hot Disk 2500S 热物性分析仪	
参数	参数值
测量范围	0.005～500W/(m · K)
探头尺寸	2～29.4mm
温度范围	10～1000K
精度	±3%
重复性	<1%
最小样品尺寸	厚度 0.5mm，直径 2mm

热物性分析仪测量系统的示意图如图 8-3 所示。该系统主要由热物性分析仪主机、主机、不锈钢夹套和恒温油浴箱组成。实验步骤如下：①启动热物性分析仪对设备进行至少半小时的预热，并将传感探头垂直插入含有存放液体样品空腔的不锈钢夹套中；②利用注射器将待测纳米流体注入其中并放置于恒温油浴内，并采用不锈钢材料制作夹套，这样既可以利用不锈钢的高导热性能使纳米流体与恒温油浴尽快达到温度平衡，也可以凭借其厚重的结构特点有效避免传感探头

周围因振动而产生的对流换热；③调节恒温油浴使纳米流体达到待测温度，打开 Hot Disk 计算软件，设置合适的参数并在纳米流体达到稳定状态后进行测试。实验结果采用多次测试取平均值的方法以增加其准确度。所有实验装置均采用去离子水和超声波水浴进行清洗，且每完成某一温度工况下的测试便进行一次设备清洗和流体换样，避免纳米流体在油浴内长时间静置和加热可能产生的团聚或沉淀对实验结果产生影响。

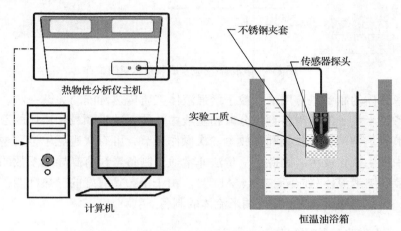

图 8-3　热物性分析仪测试系统示意图

8.2　微混合/反应技术制备纳米流体

8.2.1　微混合/反应合成装置

在现有微反应合成工艺的基础上，本节搭建了微流控芯片混合/反应装置，装置示意图如图 8-4 所示。该微混合/反应合成装置由进样、微混合、微反应和样品收集四个系统组成。在进样系统中，选用三台微注射泵 PHD2000/22（美国产，Harvard PHD 22/2000 Infusion）来精确控制原料的进样速度；微混合系统以前期设计并加工的平面被动式微混合器为主体；微反应系统由透逦型的微通道组成，以延长原样的混合与反应时间，完成单金属颗粒的合成与沉淀；从微反应器流出的溶液可直接进行收集。同时，微混合器与微反应器被精确安装在两个不同的芯片套件 FC4515（荷兰产，Micronit Ltd.）中，以保证管路和连接处均无泄漏（图 8-5）。采用内径为 460μm 的聚四氟乙烯（PTEE）毛细管作为注射器、芯片套件和微混合反应器之间的连接管道。PTEE 毛细管具有耐高温（最高 350℃）、可随意弯折、物理化学性能稳定和价格便宜等优点。

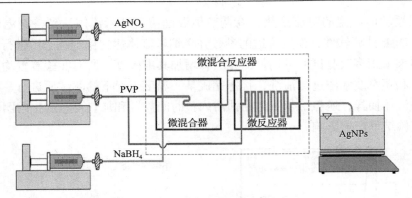

图 8-4　微混合/反应合成装置示意图

纳米流体的制备是应用纳米粒子增强液体工质传热性能的关键一步。一步法是在制备纳米粒子的同时将颗粒分散到基液中，使得纳米颗粒和流体的形成同时发生，节省了纳米颗粒收集和存放等二次操作环节，可有效避免单金属纳米颗粒在空气中发生氧化反应。因此，一步法非常适于制备悬浮有高导热系数的单金属纳米颗粒的纳米流体(如 Ag、Cu、Al 等)。由于 Ag 具有好的导热性能，且稳定性很好，因此选用 Ag 粒子进行纳米流体的制备。

8.2.2　Ag-水纳米流体的制备

采用微混合/反应器内直接沉淀法，以 $NaBH_4$ 还原 $AgNO_3$ 溶液中的 Ag^+，在以聚乙烯吡咯烷酮(PVP)为表面活性剂的条件下，采用一步法制备单金属颗粒纳米 Ag 流体。所用实验药品如表 8-3 所示。

表 8-3　实验药品

试剂名称	化学式	纯度	来源
硝酸银	$AgNO_3$	分析纯	北京化工厂
硼氢化钠	$NaBH_4$	分析纯	天津市福晨化学试剂厂
聚乙烯吡咯烷酮	$[CH_2CH(NCH_2CH_2CH_2CO)]_n$	分析纯	天津市福晨化学试剂厂

具体制备过程如下：先将 1.5gPVP 和 0.106gNaBH₄ 分别溶于装有 100mL 和 50mL 去离子水的烧杯中，然后将烧杯置于超声波发生器槽内，在超声振荡和机械搅拌的条件下使两种溶液均得到充分溶解。另外，将 0.032gAgNO₃ 溶于 10mL 去离子水中备用。

实验合成时使用微注射泵先将 PVP 溶液以 0.25mL/min 的流量注入微混合器其中的一个入口，再将 NaBH₄ 和 AgNO₃ 溶液以 0.2mL/min 的流量注入其余两个入

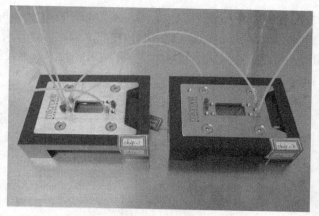

图 8-5　微混合/反应系统装置图

口，目的是在微混合器内形成 PVP 溶液过量的环境条件。此时，可以观察到微通道内的流体颜色由无色缓慢地变为淡黄色，直至变成暗深褐色。$NaBH_4$ 和 $AgNO_3$ 两种溶液在微混合器内充分混合，一同流入微反应器内继续完成化学反应，最后从反应器上的出口流出并加以收集。反应结束后继续超声振荡和搅拌 1h，最终得到具有单金属 Ag-水的纳米流体，如图 8-6 所示。

图 8-6　Ag 纳米流体

8.2.3　Ag-水纳米流体的物性分析

1. 纳米粒子的粒径分布

采用日本 JEOL 株式会社生产的 JEM-2010 型 TEM 对已合成制备的单金属

Ag 纳米颗粒的粒径分布及形貌进行观察，测得 TEM 的结果如图 8-7 所示。不难看出，溶液中的 Ag 纳米颗粒大多数呈圆球形且分散比较均匀，只有很少的颗粒之间发生了物理团聚。通过直接测试法测量出该 Ag 纳米颗粒的最大粒径为 11.98nm，最小粒径为 5.21nm，平均粒径为 8.23nm。

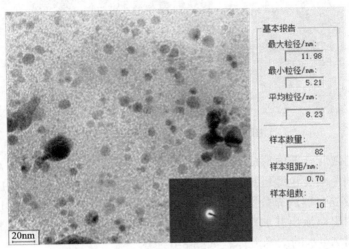

图 8-7　Ag 纳米颗粒的 TEM 图

为了进一步测算该纳米颗粒的真实粒径，采用美国 PSS 公司生产的 ZPW388 粒度分析仪对纳米流体样本进行了粒径分布的实验分析，结果如图 8-8 所示。借助微混合/反应系统所制备的单金属 Ag 纳米颗粒的粒径范围为 5.13～12.17nm，平均粒径为 8.34nm，这与采用 TEM 所得粒径分布的结论一致，从而也进一步验证和说明了微混合/反应法制备单金属纳米颗粒的可行性和正确性。

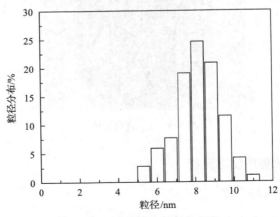

图 8-8　纳米颗粒粒径分布图

2. Ag 纳米流体的稳定性

为了进一步验证合成的 Ag 纳米流体在颗粒稳定性上的特点，将其与采用两步法配制的纳米流体进行了悬浮液沉淀程度比较。两步法纳米流体的制备方法是将不同质量份额的纳米颗粒粉体与溶于表面活性剂的去离子水（通常称为基液）直接混合，在超声振荡的作用下使其充分溶解和分散，形成分散较为均匀的纳米流体悬浮液。其中，为了保证二者比较的公平性，基液中表面活性剂 PVP 的质量分数与一步法中的值保持一致，即提供相同的基液环境。Ag 纳米流体的两步法具体制备过程如下。

（1）将一定质量分数的 PVP 粉末加入去离子水中，用磁力搅拌器将溶液搅拌约 20min，形成均匀的 PVP 溶液，即基液。

（2）采用精密天平（瑞典产，XS403S 型，精度 1mg）称取 Ag 纳米颗粒粉体，并将称量后的粉体放置于干净的烧杯中。

（3）借助量筒来定量取出配制好的基液，并缓慢倒入放有 Ag 纳米颗粒粉体的烧杯中，用玻璃棒顺时针匀速进行搅拌直至绝大部分粉体浸没在基液中，同时应防止粉体溅落到烧杯外面。

（4）使用超声波振荡器（KB-100DB 型）对烧杯内的混合物进行超声波分散 15～20min，完成两步法 Ag 纳米流体的制备。

为了增强比较效果，又采用两步法制备了 Al_2O_3 纳米流体。其中，所购买的 Ag 纳米颗粒和 Al_2O_3 颗粒的平均粒径均为 12nm 左右。制备得到的三种纳米流体的样本照片如图 8-9 所示。图 8-9(a)～(c)分别为采用一步法制备的 Ag-水纳米流体、采用两步法制备的 Ag-水纳米流体和 Al_2O_3-水纳米流体；而图 8-9(d)～(f)为三种溶液静置 4 天后的样品照片。从图中可以清晰地看出，首先两种方法制备的 Ag-水纳米流体的颜色略有不同，分别为深褐色和棕黄色，而 Al_2O_3-水纳米流体的颜色为乳白色；其次，采用一步法制备的 Ag-水纳米流体经长时间静置后并没有影响溶液中纳米颗粒的悬浮分布且稳定性相对较好，而采用两步法配制的两

(a)　　　　　　　　　　(b)　　　　　　　　　　(c)

图 8-9　纳米流体样品

种纳米流体出现了明显的悬浊液分层现象，尽管制备时采用超声分散的方法可以使纳米粉体得到有效分散，但稳定时间相对较短。

3. Ag 纳米流体的热导率

采用瑞典 Hot Disk 公司的 2500S 型热物性分析仪测量 Ag 纳米流体的热导率。该仪器的测量原理基于 TPS 技术，热导率的测量过程主要是通过记录测量由探头温度变化而引起的两端电压的变化值。在一定量的脉冲电压（≈300mA）下可产生约 1K 的温升。这样当给传感探头通入一个恒定电压时，探头会产生温度变化值 $\Delta T(\tau)$，而这个温升将直接决定探头电阻 $R(t)$ 的变化，即

$$R(t) = R_0(1 + \beta \Delta T(\tau)) \tag{8-2}$$

式中，R_0 为探头被加热前的电阻值，Ω；β 为电阻温度系数；$\Delta T(\tau)$ 为随变量 τ 变化的温升值，K。其定义如下：

$$\tau^2 = \frac{t\omega}{r^2} \tag{8-3}$$

式中，t 为测量时间，s；ω 为样品的热扩散系数，m^2/s；r 为传感探头半径，m。

根据傅里叶导热定律，在无对流发生的情况下，$\Delta T(\tau)$ 可以表示为

$$\Delta T(\tau) = \frac{P}{\pi^{3/2} a \lambda} D(\tau) \tag{8-4}$$

式中

$$D(\tau) = [m(m+1)]^{-2} \times \int_0^\tau \frac{d\sigma}{\sigma^2} \left\{ \sum_{l=1}^m l \left[\sum_{x=1}^m \lambda \exp\left(\frac{-(l^2 + x^2)}{4\sigma^2 m^2} \right) E\left(\frac{l\lambda}{2\sigma^2 m^2} \right) \right] \right\} \tag{8-5}$$

式中，P 为输入功率，W；λ 为样品的导热系数，W/(m·K)；E 为修正贝塞尔函数。

　　在样品进行正式测量前，先在一定温度范围内（20～60℃）对去离子水进行验证性测量。将测试结果与去离子水的热导率值进行比较，对分析仪器的测量结果进行分析，从而进一步调整设定参数以提高测量精度。图 8-10 为去离子水的热导率值与标准值之间的比较。从图中可以看出，在不同的温度条件下，测量值与标准值基本保持一致，流体导热系数的测量误差在±1.2%以内。

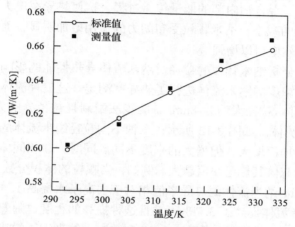

图 8-10　热导率测量值与标准值比较

　　纳米流体热导率的影响因素分析：图 8-11 为不同体积分数的 Ag 纳米流体的热导率比值随温度变化的关系曲线。其中，不同体积分数的 Ag 纳米颗粒是通过调整反应物浓度而生成的，而热导率比值定义为实验测量值与水的热导率值之

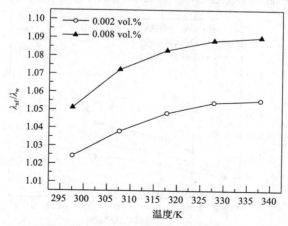

图 8-11　纳米流体的热导率比值随温度的变化

比。结果表明，随着温度的升高，两种不同浓度的 Ag 纳米流体的热导率均有提高。当环境温度为 25℃时，体积分数为 0.002%和 0.008%的纳米流体的热导率值分别提高了 2.43%和 5.11%；当环境温度为 65℃时，该值分别提高了 5.53%和 9.01%。同时发现，随着纳米颗粒体积分数的增加，纳米流体的热导率迅速增加。

　　考虑纳米粒子的小尺寸效应，纳米流体中悬浮的纳米颗粒受布朗力等力的作用做无规则运动，布朗扩散、热扩散等现象存在于纳米流体中。纳米流体热导率增大的主要原因是固体粒子的热导率远比液体大，固体颗粒的加入改变了基础液体的结构，增强了混合物内部的能量传递过程，这使热导率增大，即物性混合效应[21]。随着粒径的减小，纳米颗粒受布朗力的作用更加明显，而流体中颗粒的布朗运动和热扩散效应得以增强。

　　为了进一步分析纳米颗粒的粒径对纳米流体导热性能的影响，又对三种不同制备方法和不同浓度的纳米流体进行了热导率测定。这三种流体分别是一步法制备的 Ag 纳米流体（粒径大约为 8nm）、两步法配制且粒径分别为 12nm 和 50nm 左右的 Ag 纳米流体。如图 8-12 所示，三种不同粒径纳米流体的热导率均随着颗粒体积分数的增加而增大，但增大的幅度不同。同时，在相同体积分数条件下，粒径越小的纳米流体其热导率值越大。例如，当颗粒的体积分数为 0.004%时，两步法配制的 50nm 纳米流体的热导率值相对于去离子水提高了 1.24%，而一步法制备的 8nm 纳米流体提高了 3.71%，并且这种提高的程度也随着体积分数的增加而逐渐增大。当颗粒的体积分数为 0.012%时，8nm 纳米流体的热导率增加率可达到 50nm 纳米流体的 4.22 倍。可见，纳米颗粒的粒径对纳米流体热导率的影响较大。这是因为，在相同体积分数条件下，纳米颗粒的粒径越小，其表面积越大。增大的表面积可有效地提高颗粒与基液之间的接触面积。同时较小粒径的纳米流体中的布朗运动更加剧烈，这可以很好地提高纳米流体整体的能量传输水平。

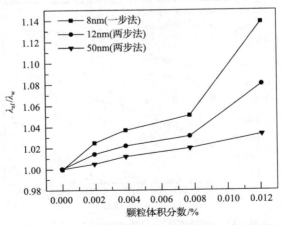

图 8-12　不同粒径 Ag 纳米流体的热导率比值随体积分数的变化

上述研究结果表明：①借助微混合/反应系统可以制备出粒径均匀、稳定分散的单金属 Ag 纳米流体，制备的 Ag 纳米流体的平均粒径为 8.34nm；②通过对现有微混合器与微反应器组合方式与制备条件（反应物浓度和反应物注入方式）的优化，可实现对其粒径分布和化学稳定性的有效控制。采用一步法制备的 Ag-水纳米流体经长时间静置后并没有影响溶液中纳米颗粒的悬浮分布且稳定性相对较好，而采用两步法配制的两种纳米流体却出现了明显的悬浊液分层现象，稳定时间相对较短；③随着温度的升高，不同浓度的 Ag 纳米流体的热导率均有所提高；④同时发现，随着纳米颗粒体积分数的增加，纳米流体的热导率迅速增加；⑤纳米流体的热导率均随着颗粒体积分数的增加和粒径的减小而增大。

8.3 表面活性剂对基液热物性的影响

由于纳米粒子具有较高的表面能，因此极易自发团聚形成二次粒子，使粒径变大，失去纳米材料所具备的功能。在制备和应用纳米材料的过程中，如何克服微粒团聚现象无疑是保持其性能的关键。研究发现，添加表面活性剂可以阻止二次粒子形成的同时保持纳米粒子的特性，并起到对纳米流体形成良好分散和稳定的效果，这成为解决纳米粒子团聚的有效方法。不同类型表面活性剂的分散机理及效果各不相同；同时，表面活性剂的浓度、溶液的温度和 pH 都会对纳米流体的性能产生影响。表面活性剂对纳米流体中的纳米颗粒产生作用是发生在基液中，因此本节对表面活性剂对基液热物性的影响进行分析。

8.3.1 表面活性剂在溶液中的形态

表面活性剂是指分子结构由非极性憎水基与极性亲水基构成，同时具备降低表面张力、减小表面能、乳化、分散、增溶等一系列优异性能的化学物质。其结构与性能截然相反的分子碎片或基团处于同一分子的两端，并以化学键相连接，形成了一种不对称的极性结构，因此这类分子具有既亲水又亲油，但又不是整体亲水或亲油的特性。表面活性剂的分子结构包括长链的疏水基团和亲水性的离子基团或极性基团两个部分。疏水基团有多种结构，如直链、支链、环状等；亲水基团也有多种不同的原子团，或位于疏水基团链末端，或位于中间任意位置。两部分基团是非对称结构的，当分子处于分散状态时，其溶解度较低，但一旦达到临界浓度，分子就会相互缔合形成胶束。由于分子中既有亲油基团又有亲水基团，故其可以在溶液中定向地吸附于两相界面上，降低水的表（界）面张力，因此也称为双亲化合物。

离子型表面活性剂胶团的结构由内核、外核和扩散双电层组成，如图 8-13（a）所示。其内核类似于液态烃疏水的碳氢链结构，直径为 1～2.8nm，由于临近极性基-CH$_2$-带有一定的极性,其内核的周围仍有部分水分子存在,故胶团内核中含有较多的渗透水;此时,这种-CH$_2$-基团并不完全是由加入液态水的碳氢链组成的内核,而是作为非液态胶团外壳的一部分。

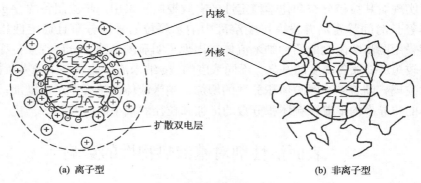

图 8-13　表面活性剂胶团结构图

离子胶团的外壳也称为胶团-水的"界面"或表面相。胶团的外壳并非指胶团与水的宏观界面,而是指胶团与单体水溶液之间的一层区域。对于离子型表面活性剂胶团,H$_2$O 外壳由胶团双电层的最内层 Stern 层(或固定吸附层)组成,其厚度为 0.2~0.3nm。在胶团外壳中不仅有表面活性剂的离子头及固定的一部分反离子,而且由于离子的水化,胶团外壳还包括水化层。胶团的外壳并不是一个光滑的面,而是一个"粗糙"不平的面,这是表面活性剂单体分子的热运动引起胶团外壳的波动所致。另外,离子型表面活性剂胶团为了保持电中性,在胶团外壳的外部还存在一层由反离子组成的电荷层,这个电荷层称为扩散双电层。

非离子型表面活性剂胶团的结构如图 8-13(b)所示,它由胶团内核和外壳组成。其中,胶团的内核与离子型表面活性剂一样,也是由类似液态烃疏水的碳氢链组成。但是,外壳与离子型有所不同,非离子型表面活性剂胶团的外壳由柔顺的聚氧乙烯链和与醚键原子相结合的水构成,胶团外层没有双电层。

图 8-14 为理想状态下的球形胶团,实际情况中,胶团还有很多其他结构,如囊泡状、双层状、反胶束等。表面活性剂的单体分子结构在胶束化过程中起着至关重要的作用。而胶束结构的差异最终将影响表面活性剂所在溶液的物理性质,如导热系数、黏度等。

每一种表面活性剂在不同介质中都有特定的胶团形状特性参数(critical packing parameter,CPP)[22],表示如下:

$$CPP = \frac{V}{l_0 A_c} \tag{8-6}$$

式中,V 为表面活性剂碳氢核心的体积,nm^3;l_0 为表面活性剂碳氢链的长度,nm;

A_c 为表面活性剂亲水基团的面积，nm^2。

如果 CPP<1/3，表面活性剂在溶液中形成球形胶团；如果 CPP 值在 1/3～1/2，将会形成棒状胶团；而当 CPP 趋向于 1 时，胶团将呈层状结构；如果 CPP>1，会形成双连续状胶团；当 CPP≫1 时，溶液中会形成反胶束或逆转棒状胶束[23]。

当表面活性剂分子与溶液中的纳米粒子接触后，表面活性剂的极性基团与纳米粒子表面将形成牢固的结合。表面活性剂亲水基团对固体的吸附和化学反应的活性及其降低表面张力的特性可以控制纳米颗粒的亲水性或亲油性、表面活性。同时对纳米颗粒表面进行改性：一是亲水基团与表面基团结合生成新结构，赋予纳米颗粒表面新的活性；二是降低纳米颗粒的表面能，使纳米颗粒处于稳定状态；三是表面活性剂的长尾端在颗粒表面形成空间位阻，以防止纳米颗粒的再团聚。此时表面活性剂和纳米粒子所展现的形态，如图 8-14 所示，与图 8-13 中没有纳米粒子时非常相似，可称为“类胶团”[24]。纳米粒子周围包围着大量的表面活性剂分子。“类胶团”在很大程度上由粒子的形状决定，外部形态与普通胶团几乎一致，核内部的纳米粒子代替了原来的碳氢链结构，而将原来的碳氢链结构向外部拓展，形成更大的尺寸。

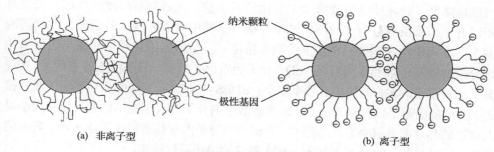

图 8-14　表面活性剂吸附纳米粒子的结构图

如果加入过量的表面活性剂，那么纳米粒子的表面会形成多层吸附，同时溶液中也会存在普通的胶团结构。这种“类胶团”的结构可以很好地提高纳米粒子在溶液中的稳定性，但表面活性剂冗长的长链分子势必也要增加它所在溶液的黏度。同时，考虑到表面活性剂有机化合物的成分，其导热性能与水相比也会有很大差距。这就使得有表面活性剂存在的水溶液或纳米流体的导热系数会受到一定程度的影响。Li 等[25]在实验研究表面活性剂对 $Cu-H_2O$ 纳米流体导热系数特性的影响时发现，表面活性剂对纳米流体的影响规律与其对基液的影响趋势非常相似。这可能与前面提到的胶团与“类胶团”的相似性有关。

基于上述分析，表面活性剂在纳米流体领域的应用可以有效防止纳米粒子的团聚，提高纳米流体的稳定性，扩大纳米流体的适用条件。但不同表面活性剂的种类和数量所产生的作用不同，而且表面活性剂的存在会对基液及纳米流体的热物性

(热导率、黏度等)产生重要影响。为此，将通过实验系统地研究不同种类的表面活性剂对基液及纳米流体导热系数及黏度的作用，并分析各种因素对表面活性剂作用的影响。为了统一比较，实验过程中不考虑温度影响，测试温度设定为 20℃。

8.3.2　表面活性剂浓度对基液热导率的影响

图 8-15 为基液热导率与去离子水的比值随表面活性剂浓度的变化。从图中可以看出，随着表面活性剂浓度的增加，阴离子表面活性剂十二烷基苯磺酸钠 (sodium dodecyl benzene sulfonate，SDBS) 溶液的热导率先增加后降低。当浓度达到 0.02%后，热导率比值迅速降低，但当质量分数超过 0.5%后基本平稳。阴离子表面活性剂的十二烷基硫酸钠 (sodium dodecyl sulfate，SDS) 溶液热导率的变化规律与 SDBS 类似，但热导率比值下降和平稳对应的浓度值有所不同。与阴离子表面活性剂相比，阳离子表面活性剂十六烷基三甲基溴化铵 (cetyltrimethyl ammonium brom，CTAB) 溶液的热导率比值下降得更快，下降点的对应浓度值更小。当 CTAB 质量分数达到 0.25%后溶液的热导率趋于稳定，并接近 SDBS 溶液的导热系数。非离子表面活性剂 PVP 溶液的热导率比较特殊，当加入少量 PVP 后，热导率比值迅速降低，并在质量分数为 0.12%达到最小值。此后随着浓度的增加，比值有所回升，当质量分数为 0.40%时基本平稳。从图中可以发现，各表面活性剂溶液的热导率比值均在达到一定浓度后趋于稳定；且稳定后的热导率比值与表面活性剂分子的碳原子数和排列有关。SDS 分子的碳原子最少，其溶液热导率最大；PVP 分子的碳原子最多，其溶液热导率最小；SDBS 与 CTAB 溶液的热导率比值非常接近，它们的碳原子数只相差一个，即表面活性剂分子的碳氢链结构的长短和大小对其溶液的热导率具有决定性的影响。有机碳氢分子的导热性能小于水分子，表面活性剂分子链越长，极性基团越大，其水溶液的导热系数越小。

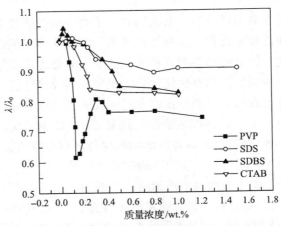

图 8-15　基液热导率与去离子水的比率随表面活性剂浓度的变化

8.3.3 温度对基液热导率的影响

当分析除浓度外的其他影响因素时，选择热导率比值达到稳定后浓度为 1.0%
的样品进行分析比较。图 8-16 为不同表面活性剂溶液热导率随温度的变化关系。
随着温度的增加，各表面活性剂溶液的热导率近乎呈线性增加，但斜率有所差异。
与水相比，不同种类的表面活性剂溶液的热导率均明显较低，但随着温度的升高，
表面活性剂溶液热导率的增加速率比水大。尤其是在 30℃后，热导率的曲线斜率
有不同程度的增加。从 35℃到 45℃，表面活性剂溶液的热导率增加了 6%～10%，
而水的热导率只增加了 3%左右。非离子型表面活性剂 PVP 溶液的导热系数最低，
即使在经过温度的升高，热导率突升后，其热导率还是最低。与非离子型表面活
性剂溶液相比，离子型表面活性剂溶液的热导率对温度更加敏感。随着温度的升
高，三种离子型表面活性剂溶液的热导率值逐渐接近纯水值，尤其是 SDS 溶液，
当 55℃时，其热导率值只比水低了 0.01W/(m·K)。这些特性对有效并合理地利用
不同表面活性剂提供了很好的指导作用。

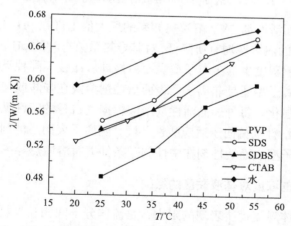

图 8-16 表面活性剂溶液的热导率随温度的变化

8.3.4 pH 对基液热导率的影响

溶液 pH 影响溶液的 Zeta 电位，进而影响表面活性剂胶团的表面带电性。研
究表明，表面电荷状态对导热性能的影响主要取决于流体力学尺寸、Zeta 电位等。
图 8-17 为不同种类的表面活性剂溶液的导热系数随 pH 的变化图。阴离子表
面活性剂溶液的导热系数在 pH 为 3～9 时逐渐上升，在 9～10 附近达到最大值，
随后下降。阴离子 SDS 和 SDBS 溶液的变化规律基本一致，但分子链较短的 SDS
在不同 pH 下的热导率值均大于 SDBS。阳离子 CTAB 溶液的情况与阴离子有所

不同，导热系数的最佳值出现在 pH=6 附近的酸性环境。在酸性条件下，CTAB 溶液的热导率先逐渐增大，处在碱性条件后，随着 pH 的增加而逐渐降低。

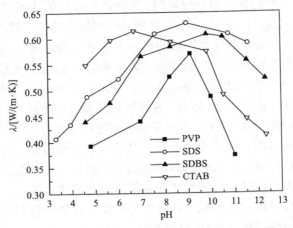

图 8-17　表面活性剂溶液的热导率随 pH 的变化

而非离子表面活性剂 PVP 溶液热导率的最大值出现在 pH=7.5 左右。偏酸或偏碱性 PVP 溶液的热导率均有所降低，对其导热系数有利的 pH 范围则相对较窄，且对酸碱性的敏感程度也低于离子型表面活性剂。比较不同种类的表面活性剂溶液发现，不管是离子型还是非离子型表面活性剂溶液在强酸或强碱条件下都不利于溶液热导率的强化。每种表面活性剂溶液根据其自身的特性又有其各自的最优 pH。阳离子表面活性剂偏向于适应酸性环境，阴离子表面活性剂则偏向于适应碱性环境，而非离子型表面活性剂在中性偏碱条件下对溶液热导率更有利。

8.3.5　表面活性剂浓度对基液黏度的影响

黏度是指流体对流动所表现的阻力，是流体分子间相互吸收而产生阻碍分子间相对运动能力的量度，即流体流动的内部阻力。研究表明，表面活性剂的添加会对基液或纳米流体的黏度产生较大的影响，不同种类表面活性剂对黏度的影响程度不同。这里采用依据扭矩微振荡原理的黏度计对不同种类的表面活性剂水溶液的黏度进行实验研究。

图 8-18 为表面活性剂溶液的黏度随表面活性剂浓度的变化关系。如图所示，当加入少量 PVP 后，其黏度迅速升高。这主要是由于 PVP 碳烃分子链较长，在较低浓度时，表面活性剂长链分子相互交织，对流动形成较大的阻碍作用，从而导致黏度呈线性增加的趋势。而当 PVP 的质量分数超过 0.3%后，黏度继续呈线性增加，但斜率有所降低。当浓度为 4.0%时，黏度可达到水的 2 倍。相对于 PVP，两种阴离子表面活性剂的分子链相对较短，在低浓度下，黏度没有突变。SDS 和

SDBS 溶液的黏度稍有增加，并在质量分数为 0.05% 时达到极大值，随后在质量分数为 0.05～0.3% 段又逐渐降低。比较两种阴离子表面活性剂，SDS 溶液的黏度在浓度为 0～0.3% 时高于 SDBS 溶液。这是由于在低浓度下，大部分表面活性剂分子以单体形态出现，在相同质量浓度下，SDS 溶液的分子数较多，其产生的黏性增加更明显。随着质量分数的增加，表面活性剂分子会发生团聚，当质量分数达到 2.0% 时，SDBS 溶液的黏度超过 SDS 溶液。而在浓度较低时对于阳离子表面活性剂 CTAB 溶液的黏度反而有所降低，这表明水中少量 CTAB 的加入具有一定的减阻功效。增加浓度后，CTAB 溶液的黏度开始逐渐增加，当质量分数达到 1.0% 后已经与其他两种阴离子表面活性剂溶液的黏度相当。由于常温下溶解度的限制，本节没能得到 SDBS 和 CTAB 两种表面活性剂更高浓度的黏度值。进一步增加 SDS 溶液的浓度，表面活性剂分子继续团聚，黏度继续增加，尤其是当 SDS 溶液的浓度达到 4.0% 后，溶液的黏度出现急剧增长。

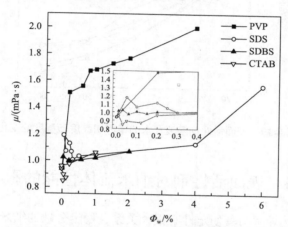

图 8-18　表面活性剂溶液的黏度随表面活性剂浓度的变化

8.3.6　温度对基液黏度的影响

温度对液体黏度的影响较大，尤其是对加入表面活性剂的溶液。随着温度的升高，液体分子的运动速度增大，分子间的相互滑动比较容易；同时分子间距增大，分子间引力相对减弱，这使得溶液黏度均逐渐降低。

图 8-19 为表面活性剂溶液及水的黏度随温度的变化。从图中可以看出，几种表面活性剂溶液的黏度均随温度的升高而逐渐降低，但不同种类的表面活性剂的下降速率有所不同。温度对黏度的影响一方面是对水分子运动的影响，另一方面是对表面活性剂分子胶团结构的影响。随着温度的升高，一些蠕虫胶束逐渐变成泡状或球状，网络结构被打破。这种作用对于非离子型表面活性剂 PVP 尤为显著。

当温度为 20℃时，PVP 溶液的黏度明显高于其他表面活性剂，但随着温度升高其降低速率非常快，50℃的黏度值仅为 20℃时的一半。50℃后，PVP 溶液的黏度逐渐接近 SDS 和 SDBS 的值。常温下，两种阴离子表面活性剂溶液的黏度与水比较接近，但随着温度的升高，SDS 和 SDBS 溶液的黏度降低速率明显小于水。这表明在温度升高的过程中，表面活性剂分子对溶液黏度的作用是逐渐提高的。而阳离子表面活性剂 CTAB 溶液的黏度随温度基本呈线性降低。当温度达到 60℃时，CTAB 溶液的黏度比其他表面活性剂溶液都低，仅比水的值稍高。

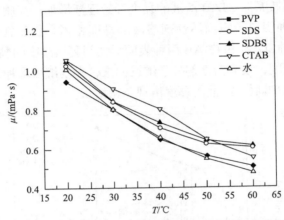

图 8-19 表面活性剂溶液及水的零剪切黏度随温度的变化

8.4 表面活性剂对纳米流体性能的影响

纳米流体的热导率与其稳定性有很大关系，稳定分散的纳米粒子所形成的纳米流体具有更高的热导率。表面活性剂的加入可有效提高纳米流体的稳定性，但表面活性剂的加入对流体的热导率和黏度将产生影响。

8.4.1 表面活性剂对纳米流体稳定性的影响

图 8-20 为两步法制备的体积分数为 1.0% 的 Al_2O_3 纳米流体静置后的照片。从图中可以看出，未添加表面活性剂的纳米流体很快出现团聚并沉淀，但是分别添加 1.0wt% SDS 和 PVP 的纳米流体在静置 48h 后依然呈现出较好的稳定性。同时，在静置 48h 后，添加 SDS 的纳米流体出现少许沉淀[图 8-20(b2)]，但是添加 PVP 的纳米流体依然呈现很好的稳定性[图 8-20(c2)]。PVP 较 SDS 对 Al_2O_3 纳米流体具有更好的稳定效果。

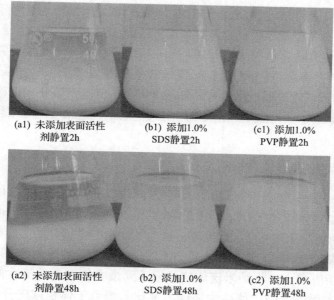

(a1) 未添加表面活性　　(b1) 添加1.0%　　　(c1) 添加1.0%
　　剂静置2h　　　　　　SDS静置2h　　　　　PVP静置2h

(a2) 未添加表面活性　　(b2) 添加1.0%　　　(c2) 添加1.0%
　　剂静置48h　　　　　SDS静置48h　　　　PVP静置48h

图 8-20　体积分数为 1.0% Al_2O_3 纳米流体随时间的变化

图 8-21 为粒子浓度为 0.5%的 Al_2O_3 纳米流体添加不同浓度的表面活性剂并静置 24h 后的照片。随着 SDS 的浓度从 0.5%增加到 2.0%，纳米流体的稳定性降

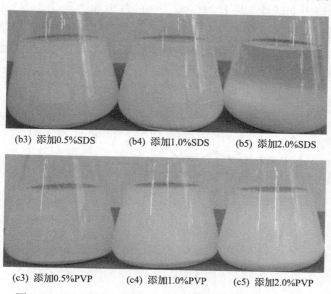

(b3) 添加0.5%SDS　　(b4) 添加1.0%SDS　　(b5) 添加2.0%SDS

(c3) 添加0.5%PVP　　(c4) 添加1.0%PVP　　(c5) 添加2.0%PVP

图 8-21　0.5% Al_2O_3 随表面活性剂比例的变化(静置 24h)

低如图 8-21(b3)～(b5)，尤其是当 SDS 的浓度增加到 2.0%时，粒子几乎完全沉淀。造成这种现象的原因可能是絮凝作用。随着 SDS 浓度的增加，纳米粒子表面逐渐被表面活性剂分子链吸附，过多的分子链将导致粒子形成絮凝团并沉淀。但是，高浓度的 PVP 并不会恶化 Al_2O_3 纳米流体的稳定性[图 8-21(c3)～(c5)]。这种差异可能来自表面活性剂属性的不同，同时 PVP 较 SDS 具有更长的碳链。此外，相对而言，SDS 溶于水后会在溶液中产生大量泡沫，这也可能导致悬浮液进一步恶化。

8.4.2　表面活性剂对纳米流体热导率的影响

图 8-22 和图 8-23 为常温(20℃)下，不同浓度的 Al_2O_3 纳米流体热导率的提高比例随着 SDS 和 PVP 浓度的变化。随着 SDS 和 PVP 浓度的增加，Al_2O_3 纳米流体热导率的提高比例先增加后减小，这与 Yang 等[26]得到的实验结果相似。随着纳米粒子浓度的增加，纳米流体热导率的提高比例达到最大值时对应的表面活性剂浓度也相应增大。将纳米流体热导率达到最大值时表面活性剂的质量浓度与纳米粒子体积浓度的比值称为最佳浓度比。当粒子体积浓度分别为 0.1%、0.5%、1.0%、2.5%时，阴离子型表面活性剂 SDS 的质量浓度与 Al_2O_3 纳米粒子体积浓度的最佳比例为 2/1、1/1、1/2、3/5，非离子型表面活性 PVP 的质量浓度与 Al_2O_3 纳米粒子体积浓度的最佳比例为 2/1、1/1、1/2、2/5，比值均随粒子浓度的增大而减小。当表面活性剂不足时，粒子间的静电斥力弱化，容易团聚并沉淀。当表面活性剂过量时，过多的高分子长链又容易产生絮凝作用，这导致纳米流体的稳定性恶化。另外，表面活性剂的浓度越高，纳米粒子表面的吸附过量，导致传热面积减小，这也可能是导致表面活性剂在高浓度下纳米流体热导率降低的另一个原因[27]。

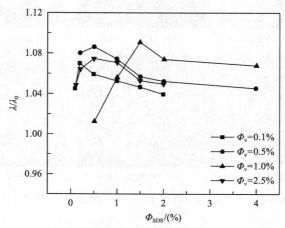

图 8-22　SDS 的质量浓度对 Al_2O_3-水纳米流体热导率的影响

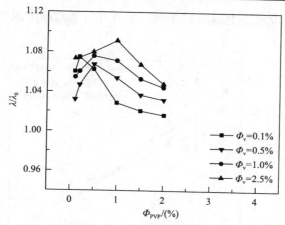

图 8-23　PVP 质量浓度对 Al_2O_3-水纳米流体热导率的影响

　　不同浓度的 Al_2O_3 纳米流体在添加 SDS 和 PVP 时其热导率的最大值相近。当粒子体积浓度较低时，纳米流体热导率的最大值对应的 SDS 浓度和 PVP 浓度相同；当粒子体积浓度较高时 (2.5%)，纳米流体热导率最大值对应的 PVP 浓度低于 SDS，这从侧面反映出对于较高浓度的 Al_2O_3 纳米流体，PVP 比 SDS 具有更好的分散效果。

　　当 PVP 浓度为 0.1%～0.2% 时，粒子体积浓度为 0.1% 的纳米流体的热导率大于体积浓度为 0.5% 和 1.0% 的纳米流体的热导率，但随后又随 PVP 浓度的增大而迅速降低。这主要是由于当表面活性浓度较低时 (0.1%～0.2%)，高浓度的纳米流体更容易发生团聚。所以，在低 SDS 浓度下，当粒子体积浓度增至 2.5% 时，纳米流体的导热率反而低于低浓度纳米流体的热导率。但是，这种规律并不适合于添加 PVP 的纳米流体，对比的结果显示，对于高浓度的纳米流体，SDS 较 PVP 更不利于纳米粒子的分散。

8.4.3　表面活性剂对纳米流体黏度的影响

　　利用超声膜扩散法，在 PVP 为稳定剂的条件下，以 $NaBH_4$ 还原 $AgNO_3$ 溶液中的 Ag，通过"一步法"制备 Ag-水纳米流体。表面活性剂在纳米流体制备反应前添加。表面活性剂对于提高纳米流体稳定性具有重要意义，但同时对纳米流体的黏度也会产生重要影响。

　　图 8-24 为不同浓度 PVP 纳米流体的黏度随温度的变化。温度的增加会直接影响流体内部的剪切效应，而且流体温度的增加会弱化粒子与粒子之间、分子与分子之间的黏附效应。图 8-24 中流体黏度随着温度升高几乎呈线性降低，这表明流体显现出非牛顿流体的特性。黏度的降低会提高纳米流体布朗运动的平均速度，而纳米粒子布朗运动的加剧使纳米流体的导热率增加。可见，较高的温度有

利于纳米流体内部的能量传输。纳米粒子的体积分数对纳米流体的黏度可能也会产生一定影响。

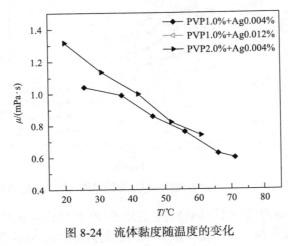

图 8-24 流体黏度随温度的变化

8.5 纳米粒子对纳米流体热物性的影响

纳米流体在粒子的微尺度效应下表现出不同于传统毫米或微米级固液两相混合物的导热行为，纳米粒子受布朗力等力的作用在液体中做无规则扩散、布朗扩散和热扩散等的运动增强。同时，纳米粒子的微运动还促成了粒子与液体间的微对流，这种微对流现象可以增强粒子与液体间的能量传递，进而增大纳米粒子悬浮液的导热系数。由于纳米粒子的种类不同，其物化特性及在溶液中的分散状态也各有不同，这导致纳米流体的黏度和热导率有所差别。

8.5.1 粒子种类和粒径对热导率的影响

为了研究粒子种类对纳米流体热导率的影响，采用两步法制备了体积浓度为 0.5%、粒子粒径为 20nm 的 Al_2O_3、TiO_2、SiO_2 纳米流体，超声振荡均为 1h，表面活性剂 PVP 添加的质量浓度为 0.2%，结果如图 8-25 所示。从图中可以看出，随着温度的升高，三种纳米流体的热导率均呈现出先增加后降低的变化趋势，其中 Al_2O_3 纳米流体热导率的提高比例最大。当在 20℃时，三种纳米流体热导率的提高比例相差不大，这表明常温环境下粒子的强化换热效果主要体现在布朗运动等方式的热量传递，颗粒本身的物理特性对纳米流体的导热性能影响较小。随着温度的升高，Al_2O_3 和 TiO_2 纳米流体的热导率均迅速提升，SiO_2 纳米流体的热导率的增加速率则相对较低。当温度升高至 45℃之后，Al_2O_3 纳米流体的导热性能得到进一步提升，而 TiO_2 和 SiO_2 纳米流体的热导率变化曲线则趋于平缓。随着温度的继续升高，三种纳米流体的热导率均开始逐渐降低。相比于去离子水，Al_2O_3、TiO_2、SiO_2 纳米流体在 50℃ 条件下的热导率均得到最大程度的提升，分别提高了 19.35%、15.64%、13.14%。

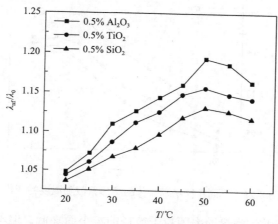

图 8-25　不同种类纳米流体的热导率随温度的变化

对比三种纳米粒子，纳米颗粒的密度 $TiO_2 > Al_2O_3 > SiO_2$。当纳米流体的体积浓度一定时，在相同体积浓度的纳米流体内 SiO_2 纳米粒子的数量最多，粒子碰撞造成团聚的可能性也最大；同时，纳米流体内的固体粒子量越多，黏度就越大，这导致粒子的运动能力降低，热量传递速率减缓。此外，对于不同种类的纳米流体，PVP 的分散效果不同。在多种因素的共同作用下，SiO_2 纳米流体的导热性能最差。同时，三种纳米颗粒中，Al_2O_3 的比热最大，Al_2O_3 纳米流体的导热性能较好。

图 8-26 为粒径 5nm、15nm、20nm 的 Al_2O_3 纳米流体热导率随温度的变化关系，粒子体积浓度为 0.5%，超声振荡 1h，添加质量浓度为 0.2%的 PVP 作为分散剂。结果表明，纳米流体的热导率均随温度的升高而增加，但当温度升高至 50℃ 之后开始逐渐降低或趋于平缓，且热导率随粒径的增加而增大。当粒子粒径为 20nm 时，Al_2O_3 纳米流体的热导率在初始温度时就得到比较大的提升，并且随温度升高其导热性能也得到明显的强化，几乎呈线性增长，导热系数在 50℃ 时最大，增加了 19.64%。当流体温度继续升高时，其热导率开始出现明显的降低趋势，在 60℃ 时几乎近似于粒径更小的纳米流体的导热系数。随着粒径的降低，在相同温度下 Al_2O_3 纳米流体的热导率有所降低。当温度升高至 35℃ 后，高温环境有助于粒子迁移，且粒径越小，粒子的无规则运动越剧烈，热量传递的速率明显提高，粒径为 5nm、15nm 的 Al_2O_3 纳米流体的导热系数迅速增加。当流体温度为

55℃时，粒径为 5nm、15nm 的 Al₂O₃ 纳米流体的热导率相比于去离子水分别增加了 15.61%、16.62%。

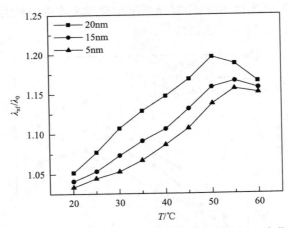

图 8-26　不同粒径纳米流体的导热系数随温度的变化

　　许多研究工作者认为热导率随粒子粒径的减小而降低，但不同浓度和种类的纳米流体其导热性能提高的程度不同。Shima 等[28]分析了磁纳米粒子的粒径对热导率的影响，粒径范围为 2.8～9.5nm，发现随着粒子粒径的增大，纳米流体的热导率几乎呈线性增加，当粒子的体积浓度为 5.5% 时，其热导率值相比于水的提高比例从 1.05 增加到 1.25。Beck 等[29]对粒径为 8～282nm 的 Al₂O₃-水纳米流体进行了研究，发现当粒径小于 50nm 时纳米流体的热导率随粒径的降低而减小；当粒子体积浓度为 2% 时，其纳米流体的热导率与实验结果接近，在 25℃ 的环境温度下，热导率没有明显的提升。Machrafi 等[30]通过对纳米流体的传热机理进行多种因素分析，发现粒子的团聚效应和液体层在粒子粒径为 1～100nm 时会起到主要影响作用。Prasher[31]对纳米流体的导热机理展开了全面研究，发现布朗运动是影响胶体纳米流体热导率的主要因素。

　　由于实验中所选择纳米粒子的粒径变化幅度较小，故布朗运动和粒子团聚机理都有可能对纳米流体的热导率产生重要影响。因此，可以结合已经提出的实验成果认为粒子的布朗运动有助于提高纳米流体的导热性能，增强流体内部的微对流，但是当粒径小于 50nm 时，粒子的团聚作用则不可被忽略。

8.5.2　粒子浓度和温度对热导率的影响

　　纳米流体内粒子的浓度越高，单位体积内固体颗粒的含量越大，比表面积越大，能够用来传递热量的换热面积就越大，且粒子间碰撞概率的增加大幅地提升了热交换效率，这能够有效改善工质的导热性能。温度作为分子平均动能的标志，表示温度越高分子无规则热运动越剧烈。随外界环境温度的升高，纳米流体内均匀分布的固体粒子会加速粒子间的热量传递，但是在高温环境下，纳米粒子易聚集产生沉淀进而恶化工质的导热性能。

图 8-27 为不同温度环境下粒径为 5nm 的 Al_2O_3 纳米流体的热导率随体积浓度的变化曲线。从图中可以看出，Al_2O_3 纳米流体的热导率随粒子浓度的增加呈现先增大后降低的变化趋势，粒子体积浓度在 0.5% 时的导热性最好；且温度越高，导热系数越大，变化趋势越明显。当温度为 20℃时，其热导率最低。随着温度的逐渐升高，纳米流体的热导率随粒子的添加而迅速提高，同样是当粒子浓度增加到 0.5% 之后，其热导率开始逐渐降低，但是仍然比在 20℃温度条件下纳米流体的热导率有了明显提升，尤其是当温度升高至 50℃时，Al_2O_3 纳米流体的导热性能得到显著提高。对于粒子体积浓度为 0.5% 的 Al_2O_3 纳米流体，在 20～50℃温度条件下的热导率提高比例分别为 5.22%、7.72%、11.34%、14.65%、19.64%。

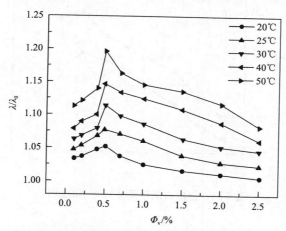

图 8-27　粒子浓度对纳米流体导热系数的影响

当粒子浓度较小时，分散剂的量过多会导致固体颗粒周围富集更多的表面活性剂分子以产生弱化作用。而粒子浓度增加，固体颗粒量越多，分散剂无法有效地包覆在粒子表面，分散效果降低。特别是在高温环境下，PVP 分散剂溶液内的氢键会被破坏，亲水性的减弱将导致其水溶解量逐渐降低；同时，PVP 在高温环境下会放热，这也有可能造成纳米粒子在过高温度下加速聚集，导热性能恶化，导热系数迅速降低。

图 8-28 为粒子体积浓度为 0.5% 和 1.5% 的 Al_2O_3 纳米流体的热导率随温度的变化曲线。随温度的升高，两种浓度的纳米流体的导热系数均呈现先上升后下降的趋势，当温度升高至 50℃时，导热系数最高。常温环境下，分子热运动水平较

低，纳米流体的热导率相比于去离子水没有明显改善。随着温度的升高，粒子布朗运动的剧烈程度逐渐增加，这加速了固体颗粒表面的接触机会，促进了热量传递，提高了工质的导热能力。但温度过高会促使粒子相互聚集，传热恶化并导致热导率降低。此外，纳米粒子优良的导热性能会随着温度的升高逐渐显露，但是当温度升高到一定程度后，温度对纳米流体的影响作用开始逐渐削弱。此时，纳米流体的导热性能将主要体现在粒子的无规则热运动，粒子迁移频率越快，因颗粒碰撞而造成团聚的可能性就越大。粒子体积浓度为 1.5% 的 Al_2O_3 纳米流体，当温度升高至 50℃ 之后其导热系数的降低速率更快。这表明在相同条件下，粒子浓度越大越有可能会由于沉淀及分散剂作用的影响，纳米流体的导热性能逐渐降低，但相比于去离子水仍有较大程度的提高。

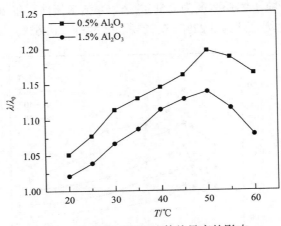

图 8-28　温度对纳米流体热导率的影响

8.6　纳米流体在微通道热沉中强化换热的应用

将制备出的 Al_2O_3-水纳米流体和 TiO_2-水纳米流体应用于扇形凹穴变截面微通道热沉，研究纳米流体在微通道热沉内的流动与强化换热机理。

8.6.1　流动特性分析

由于纳米流体内存在固体粒子，其黏度相比于去离子水有所增加，且粒子在通道内对壁面的碰撞会增加流动阻力，这将导致纳米流体流经通道时的压降明显增大。图 8-29 为在矩形和扇形凹穴微通道热沉内，去离子水和纳米流体压降随雷诺数的变化趋势。从图中可以看出，在不同微通道热沉内的压降均随雷诺数的增加而增大，且雷诺数越大，压降的增加趋势越明显。

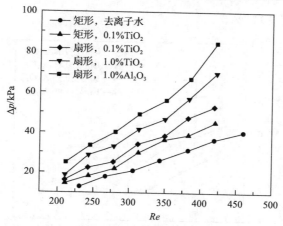

图 8-29　纳米流体压降随雷诺数的变化

　　相比于矩形微通道热沉，扇形凹穴微通道的周期性变截面结构增加了流体的形阻；同时，随着工质内固体粒子的添加，其黏度的提升增加了流动阻力，且扇形的凹穴部分还有可能出现固体粒子滞留等现象。扇形凹穴微通道热沉的压降随着粒子浓度的增加而增大。对于体积分数为 0.1%的 TiO_2-水纳米流体，在较低雷诺数时两种微通道热沉内的压降值相差很小，但是随着粒子浓度的增加，扇形微通道热沉内的压降呈现快速增长。当 TiO_2 纳米流体粒子的体积浓度增加至 1.0%时，在 $Re=422$ 的条件下其压降相比于粒子体积浓度为 0.1%的 TiO_2 纳米流体增加了 33.08%。

　　流体的雷诺数越大，速度就越大，粒子迁移就会变得更加剧烈，粒子与粒子、粒子与壁面的撞击力也会随之增加。粒子浓度越高，单位体积内的粒子数量越多，剧烈的粒子迁移运动造成的碰撞概率就越大，此时压降得到最大幅度的增加。由于 Al_2O_3 纳米粉体的密度较低，故在相同体积浓度条件下，Al_2O_3 纳米流体内添加的粒子数量要多于 TiO_2 纳米流体。Al_2O_3 纳米流体在扇形凹穴微通道热沉的压降最大，且当 $Re=422$ 时相比于 TiO_2 纳米流体又增加了 19.8%。此外，当固体粒子浓度过大时，纳米粒子会凝聚成直径较大的团聚体，此时重力对固体粒子的影响不可忽略。

　　图 8-30 为扇形凹穴微通道内 Al_2O_3-水纳米流体的摩擦阻力系数随雷诺数的变化关系。从图中可以看出，摩擦阻力系数随粒子浓度的增加而增大，随雷诺数的增加而降低。当以去离子水为工质时，摩擦阻力系数在初始时刻随着雷诺数的增加而迅速降低，但在 $Re>300$ 之后逐渐趋于平缓。当工质为纳米流体时，摩擦阻力系数值得到大幅提升，并且随着雷诺数的增加，其值持续降低。当处于相同的较低入口流速时，粒子体积浓度为 1.0%的 Al_2O_3 纳米流体的摩擦阻力系数值相比

于去离子水增加了 39.27%。

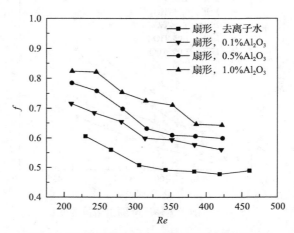

图 8-30　纳米流体摩擦阻力系数随雷诺数的变化

　　当微通道内流体的流速较低时，粒子处于较为稳定的运动状态，此时粒子有可能由于流速较低而逐渐由小粒径聚集为更大粒径的固体颗粒，并最终附着在微通道壁面，以增加壁面的表面粗糙度及壁面对粒子的作用力，这导致在较低雷诺数下纳米流体的流动阻力较大，且粒子浓度越大，流动阻力越大。随着雷诺数的增加，入口流速不断增大，粒子在布朗运动和动量增加的共同作用下始终处于活跃的无规则迁移运动中，增强了粒子的流动性，流动阻力系数逐渐降低。但是由于粒子对壁面的撞击力会随着粒子浓度的增加而增大，壁面向纳米粒子提供的阻力也会相应增加，导致粒子浓度越大，摩擦阻力系数越大。但这种变化趋势会随着雷诺数的增加逐渐减缓，当雷诺数达到最大值时，此时不同体积含量纳米流体间的阻力系数差值相对于较低雷诺数时有了明显缩短。

　　此外，流体黏度越大越不利于流动。纳米流体的黏度会随着粒子浓度的增加而增大，且表面活性剂的添加可以在粒子表面包覆形成保护层，这可大幅度提升纳米流体的黏度，使通道内流体压降增大的同时阻碍粒子迁移。

8.6.2　传热特性分析

　　图 8-31 为在矩形和扇形凹穴微通道热沉内，去离子水和不同纳米流体作为换热工质时的底面最高温度随雷诺数的变化关系。从图中可以明显看出，微通道热沉底面的最高温度随雷诺数的增加不断降低，并且随着微通道结构的改变和纳米流体中固体粒子浓度的增加，底面的最高温度也有显著的改善。相对于 TiO_2 纳米流体，Al_2O_3 纳米流体进一步降低了底面的最高温度；当 $Re=422$ 时，粒子体积浓度为 1% 的 Al_2O_3 纳米流体流经扇形凹穴微通道热沉的最高温度降低了约 6℃。

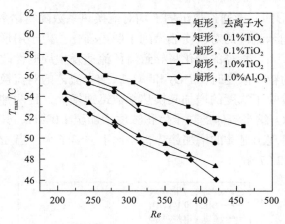

图 8-31　微通道底面的最大温度随雷诺数的变化

　　相应的底面平均温度随雷诺数的变化关系如图 8-32 所示，从图中可以看出，流体雷诺数越大，底面平均温度越低，流速的增加有助于促进底面热量传递，纳米流体和扇形凹穴微通道结构能够进一步强化换热。对于矩形微通道，体积浓度为 0.1% 的 TiO_2 纳米流体，其微通道热沉底面的平均温度整体降低了 1～2℃。扇形凹穴微通道当量直径的周期性变化扰乱了纳米流体的层流流动，增加粒子间的碰撞，促进了固体粒子间的热量交换。同时，纳米流体的粒子浓度越大，就越有利于微通道底面的散热情况。当扇形凹穴微通道内 TiO_2 纳米流体的粒子体积浓度增加至 1.0% 时，通道底面的平均温度相比于矩形微通道内的去离子水最大降低了约 6℃。在相同纳米粒子体积浓度下，Al_2O_3 纳米流体的底面平均温度更低。这表明纳米流体可以显著改善工质的换热能力，但是不同种类的纳米粒子对微通道散热性能的提高程度不同。

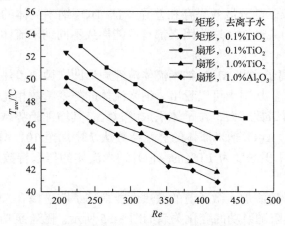

图 8-32　微通道底面平均温度随雷诺数的变化关系

　　图 8-33 为扇形凹穴微通道热沉的平均对流换热系数随雷诺数的变化关系, 相比于去离子水, 纳米流体的对流换热得到了明显强化。由于扇形凹穴的存在, 对流换热面积增加, 当量直径的变化将导致流体流速发生周期性改变, 增强了流体的扰动。在较低的粒子浓度时, TiO_2 和 Al_2O_3 纳米流体的对流换热系数并没有明显差别, 但是随着粒子浓度的增加其换热系数迅速增大, 且两种工质间的差距也逐渐凸显。当 Al_2O_3 纳米流体的粒子体积浓度增加至 1.0% 时, 其对流换热系数在较低雷诺数时即呈现出显著的增加趋势, 相比于去离子水, 当 $Re=422$ 时其对流换热系数增加了 32.07%。

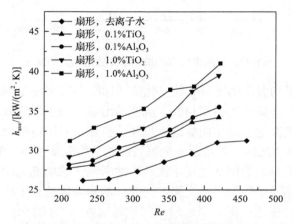

图 8-33　扇形凹穴微通道内流体对流换热系数随雷诺数的变化关系

　　由于 TiO_2 纳米流体的固体颗粒密度较大, 在相同粒子体积浓度下添加到基液中的粉体质量就会较少, 故用以增强流体内部热对流的粒子也会随之较少。又由于实验过程在两种纳米流体内均添加了相同质量浓度的 PVP 作为分散剂, 因此表面活性剂对不同粒子的分散效果存在差异, 且 TiO_2 纳米流体的黏度被大幅度提升, 降低了流体的流动性, 这些因素都有可能导致不同纳米流体的对流强化效果不同。

　　图 8-34 为去离子水和 Al_2O_3 纳米流体流经扇形凹穴微通道热沉的努塞特数随雷诺数的变化关系。从图中可以看出, 纳米流体的努塞特数相比于去离子水有了明显的提升, 且雷诺数越大, 粒子体积浓度越大, 其增加趋势越明显。当粒子体积浓度为 1.0% 时, Al_2O_3 纳米流体的努塞特数从 7 增加至 10, 增幅为 42.9%。当 $Re=422$ 时, 粒子体积浓度为 1.0% 的 Al_2O_3 纳米流体的努塞特数相比于去离子水增加了 27.74%。

　　随着纳米粒子的添加, 微通道的散热性能得到了明显提升, 但却带来了压降的大幅增加, 其热阻随泵功的变化关系如图 8-35 所示。随着泵功的增加, 去离子水和纳米流体的热阻均大幅降低, 且粒子的体积浓度越大, 微通道底面的总热阻越

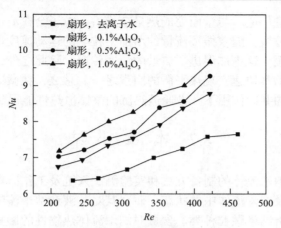

图 8-34　纳米流体努塞特数随雷诺数的变化

小，这说明在所研究的泵功范围内，纳米流体的强化换热效果更明显。对流换热是热对流和热传导共同作用的结果。由于纳米流体内粒子的比表面积较大，增加了流体内部的传热面积，且纳米粒子一直处于无规则热运动状态，流体在流动过程中粒子与粒子、液体、壁面间都会存在持续碰撞，这增加了热量传递的方式，在提升纳米流体内部热传导能力的同时优化了对流换热性能。此外，扇形凹穴有助于促进纳米流体内的粒子扰动，破坏流动边界层和温度边界层，强化微通道内的热量传递。

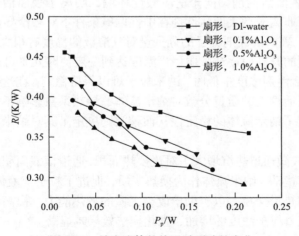

图 8-35　纳米流体的热阻随泵功的变化

当流体流过微通道时，需要带走通道内大量的热量。对于纳米流体而言，传统的连续介质假设已经无法适用，因此可以将纳米粒子看作是有助于热量传递的换热介质。纳米粒子会随着流体流动被带到壁面形成热源，以帮助加速壁面、液体、固体间的热量传递。与壁面完成热量交换后，粒子会在流速的推动下迅速离开并有新的热源替换。随着循环流量的增加，粒子的运动速度增大，粒子附着壁面上的时间被缩短，这更加促进了热量的快速传递。除此之外，纳米粒子较大的比表面积也是帮助其快速实现热平衡的因素之一。总之，在微通道结构优化和工质换热性能提升的共同作用下，微通道热沉的整体散热性能得到了明显强化。

8.7　本章小结

本章给出了纳米流体的制备方法和实验测试系统及工作原理介绍，分析了表面活性剂在溶液及纳米流体中的状态，研究其对基液和纳米流体导热系数及黏度产生的影响；分析纳米颗粒种类、含量对纳米流体热物性的影响；研究纳米流体在扇形凹穴变截面微通道内的流动与传热特性。得出如下结论。

(1)借助微混合/反应系统可以制备出粒径均匀、稳定分散的Ag-水纳米流体，且随着环境温度的升高，纳米流体的导热率提高得越明显。

(2)不同种类表面活性剂的添加会降低溶液的导热系数，随着温度的升高，表面活性剂溶液导热系数的增加速率比水大；且表面活性剂浓度增大到一定值后，溶液的导热系数趋于稳定。表面活性剂分子的碳氢链的长短和大小对其溶液的导热系数具有决定性的影响。表面活性剂的分子链越长，极性基团越大，其水溶液的导热系数越小。

(3)阳离子表面活性剂偏向于适应酸性环境，阴离子表面活性剂则偏向于适应碱性环境，而非离子型表面活性剂在中性偏碱条件下对溶液导热系数更有利。

(4)常温下，表面活性剂分子的分子量对其溶液的黏度有很大的影响，但这种影响会随着温度的升高而逐渐减弱，当温度达到一定值时几乎可以忽略。

(5)当表面活性剂浓度很低时，纳米粒子难以保持稳定。在达到纳米流体的稳定条件后，表面活性剂的质量分数对纳米流体的导热系数影响不大。表面活性剂的质量分数决定了纳米流体的稳定性，而种类则决定了其对纳米流体导热系数的影响程度。

(6)扇形凹穴微通道热沉增大了对流换热面积，通道横截面积的周期性变化也有助于增强流体扰动。纳米流体作为换热工质，促进了粒子与液体、粒子与粒子、粒子与壁面间的热量交换，以有助于改善工质的散热能力，提高微通道底面的温度的均匀性。随着粒子浓度的增加，强化换热效果越显著。

参 考 文 献

[1] 宣益民, 李强. 纳米流体能量传递理论与应用[M]. 北京: 科学出版社, 2009.

[2] Xie H, Wang J, Xi T, et al. Thermal conductivity enhancement of suspensions containing nanosized alumina particles[J]. Journal of Applied Physics, 2002, 91(7): 4568-4572.

[3] Choi S U S, Zhang Z G, Yu W, et al. Anomalous thermal conductivity enhancement in nanotube suspensions[J]. Applied Physics Letters, 2001, 79(14): 2252-2254.

[4] Eastman J A, Choi S U S, Li S, et al. Enhanced thermal conductivity through the development of nanofluids[J]. Mrs Online Proceedings Library Archive, 1996: 457.

[5] Phuoc T X, Soong Y, Chyu M K. Synthesis of Ag-deionized water nanofluids using multi-beam laser ablation in liquids[J]. Optics & Lasers in Engineering, 2007, 45(12): 1099-1106.

[6] 张印民, 刘钦甫, 伍泽广, 等. 高岭石/二甲基亚砜插层复合物的制备及影响因素[J]. 硅酸盐学报, 2011, 10: 1637-1643.

[7] Tu S T, Yu X, Luan W, et al. Development of micro chemical, biological and thermal systems in China: A review[J]. Chemical Engineering Journal, 2010, 163(3): 165-179.

[8] Zhang X, Ma S, Li A, et al. Continuous high-flux synthesis of gold nanoparticles with controllable sizes: A simple microfluidic system[J]. Applied Nanoscience, 2019: 1-9.

[9] Lin X Z, Terepka A D, Yang H. Synthesis of silver nanoparticles in a continuous flow tubular microreactor[J]. Nano Letters, 2004, 4(11): 2227-2232.

[10] Jiang L, Gao L, Sun J. Production of aqueous colloidal dispersions of carbon nanotubes[J]. Journal of Colloid and Interface Science, 2003, 260: 89-94.

[11] Ghsdimi A, Metselaar I H. The influence of surfactant and ultrasonic processing on improvement of stability, thermal conductivity and viscosity of titania nanofluid[J]. Experimental Thermal and Fluid Science, 2013, 51: 1-9.

[12] 李金凯, 赵蔚琳, 刘宗明. 低浓度 Al_2O_3-水纳米流体制备及导热性能测试[J]. 硅酸盐通报, 2010, 29(1): 204-208.

[13] 宋玲利, 张仁元, 毛凌波. 纳米铝粉颗粒分散稳定性的研究[J]. 中国粉体技术, 2011, 17(2): 53-56.

[14] 彭小飞. 低浓度纳米流体黏度变化规律[J]. 农业机械学报, 2005, 10(31): 138-150.

[15] 凌智勇. 温度和颗粒浓度对纳米流体黏度的影响[J]. 功能材料, 2013, 1(44): 92-95.

[16] Mohammad H E. An experimental investigation and new correlation of viscosity of ZnO-EG nanofluid at various temperatures and different solid volume fractions[J]. Experimental Thermal and Fluid Science, 2014, 2(19): 1-5.

[17] Einstein A. Eine neue bestimmung der molekuldimensionen[J]. Annals of Physics, 2010, 324(2): 289-306.

[18] 谢华清. 纳米流体导热系数研究[J]. 上海第二工业大学学报, 2006, 52(6): 200-204.

[19] 李强, 宣益民. 纳米流体强化导热系数机理初步分析[J]. 热能动力工程, 2002, 17(102): 569-584.

[20] 李金凯. 纳米流体导热系数实验研究进展[J]. 化工新型材料, 2010, 38(3): 10-25.

[21] 周明正. 银纳米流体热物性及其在微针肋热沉中强化传热研究[D]. 北京: 北京工业大学, 2012.

[22] Israelachvili J N. Intermolecular and surface forces: Revised Third Edition[M]. Academic press, 2011.

[23] Wu Y, Tang T, Bai B, et al. An experimental study of interaction between surfactant and particle hydrogels[J]. Polymer, 2011, 52(2): 452-460.

[24] Velasco A, Perales-perez O, Gutiereez G. Preparation of copper-bearing nanofluids for thermal applications[J]. University of Puerto Rico, Puerto Rico, 2009.

[25] Li X F, Zhu D S, Wang X J, et al. Thermal conductivity enhancement dependent pH and chemical surfactant for Cu-H_2O nanofluids[J], Thermochimica Acta, 2008, 469(1-2): 98-103.

[26] Yang L, Du K, Zhang X S, et al. Preparation and stability of Al_2O_3 nano-particle suspension of ammonia-water solution[J]. Applied Thermal Engineering, 2011, 31(17): 3643-3647.

[27] Yang L, Du K, Zhang X. Influence factors on thermal conductivity of ammonia-water nanofluids[J]. Journal of Central South University, 2012, 19: 1622-1628.

[28] Shima P D, Philip J, Raj B. Role of microconvection induced by brownian motion of nanoparticles in the enhanced thermal conductivity of stable nanofluids[J]. Applied Physics Letters. 2009, 94: 223101.

[29] Beck M P, Yuan Y H, Warrier P. The effect of particle size on the thermal conductivity of alumina nanofluids[J]. Journal of Nanoparticle Research. 2009, 11: 1129-1136.

[30] Machrafi H, Lebon F. The role of several heat transfer mechanisms on the enhancement of thermal conductivity in nanofluids[J]. Continuum Mechanics and Thermodynamics. 2016, 5: 1-15.

[31] Prasher R. Thermal conductivity of nanoscale colloidal solutions (nanofluids)[J]. Physicl Review Letters, 2005, 94: 025901.